明服初考

王群山　丁雅琼　王传春　等　著

中国纺织出版社有限公司

内 容 提 要

本书以北京市高精尖项目为依托，对明代服装中具有代表性的服装结构、图案、刺绣、色彩及染色等做了一定范围的研究，并对明代袍服、褡护、袄和马面裙做了实物仿制。研究团队总结规律，归纳方法，将成果汇集成册，以条理清晰、图文并茂的形式呈现给读者，以期为我们今后设计具有中国特色的创新服装及进行个案研究做好前期工作，同时可为我国研究民族服饰文化的传承与发展路径提供借鉴与参考。

图书在版编目（CIP）数据

明服初考 / 王群山等著 . -- 北京：中国纺织出版社有限公司，2020.10

ISBN 978-7-5180-7748-9

Ⅰ.①明… Ⅱ.①王… Ⅲ.①服饰—研究—中国—明代 Ⅳ.① TS941.742.48

中国版本图书馆 CIP 数据核字（2020）第 148190 号

策划编辑：郭慧娟　谢冰雁　　责任编辑：郭慧娟
责任校对：江思飞　　　　　　责任印制：王艳丽

中国纺织出版社有限公司出版发行
地址：北京市朝阳区百子湾东里 A407 号楼　邮政编码：100124
销售电话：010 — 67004422　传真：010 — 87155801
http://www.c-textilep.com
中国纺织出版社天猫旗舰店
官方微博 http://weibo.com/2119887771
北京华联印刷有限公司印刷　各地新华书店经销
2020 年 10 月第 1 版第 1 次印刷
开本：889×1194　1/16　印张：6.5
字数：81 千字　定价：88.00 元

编委会人员名单

前言

　　中国作为有五千年历史的礼仪之邦、衣冠大国，服饰文化源远流长，博大精深，自古便秉持着"服以旌礼"的宗旨。其中，明代服饰也存活在"礼"规范下的伦理世界中，服饰仪态端庄，气度宏美，彰显了礼仪与道德，是中国近古服饰艺术的典范。现今我国戏曲服装的款式、色彩、图案等大多都来自明代服装。明代服装在当时也影响了我国周边国家的着装，最典型的为韩国。从2019年在杭州中国丝绸博物馆举办的"一衣带水韩国传统服饰与织物展"中更加可以得到证实。

　　明朝是我国古代图案遗产最丰富、存世量最多的时期。宋代的吉祥图案至明朝进入成熟期，明代吉祥图案的特点是结构严谨，造型简洁而丰富，色彩沉着而富丽。在明代服饰中，对装饰图案的要求为内在含义与审美相统一，形成了我国明代服饰艺术的特色。自从宋元以来，随着理学的不断发展，在明代服装的装饰图案中反映意识形态的要求越来越强化，当时社会的政治、礼仪、道德、价值和宗教等观念都与服饰图案的装饰形象与内容相结合，表现出某种特定的含义和社会制度的表征。受市井文化兴起的影响"图必有意，意必吉祥"的取向也注定了明代装饰图案的吉祥寓意。

　　明朝服饰图案的表现手法充分展示了明代装饰艺术精湛的工艺美。皇家与官用服饰图案的华美绚烂表现通过缂丝、刺绣、妆花、织锦等多种精细加工工艺来完成，代表了当时织造工艺的最高水平。明朝政府在南京、苏州、杭州由工部设立织染所，并在内府监所设内、外染织局共同负责明代官用的官服制造。当时衣料，冬天以棉为主，夏天以纻丝面料为主，上层社会高档服装则均以丝绸为面料。到了明代，桑蚕养殖业和丝织业得到迅速发展，丝织提花技术在继承发扬唐宋多彩提花的同时融合元代织金工艺，将织机上五层经线改为四层，使得成品轻薄实用又减少了成本投入。"花楼机"的推广与使用使人们能够在不同面料上设计并织造出花色多样的图案。除此之外，印染工艺也得到长足发展。印染工艺中出现了打底色的工序以增加面料色彩浓郁度，还有用不同染料或媒介剂浸染以得到色彩明暗不同的同浴染色工艺，都丰富了图案以及服饰的表现手法。还有针对花纹印染的"拔染"技术。染织技术空前提高，出现了《天工开物》这类科技工艺专著，都为服饰艺术的精细加工提供了准备条件。

本书的编写与出版，是以北京市高精尖项目为依托，对明代服装中的结构、图案、刺绣、色彩及染色等做了一定范围的研究，并对明代袍服、褡护、袄和马面裙做了实物仿制。在研究期间，主创团队多次对明代服装款式、结构、色彩及图案进行研究与探讨，最终选择了以上几款比较能够代表明代服装特色的款式进行仿制，仿制过程都是通过实物考察、测量来获取最真实的数据来完成的。在此期间发表论文五篇，并编写了本书。第一章明代服饰结构由王传春编写，第二章明代服饰及服饰图案由吉瑞琦编写，第三章明代服饰刺绣由丁雅琼编写，第四章明代服饰色彩由赵晓曦编写，第五章明代服饰植物染由李斐尔和乔琳琳编写。在研究过程中，团队成员收集、归纳与梳理了大量文献资料，从而确立研究目标；同时走访了收藏家李雨来先生，得到了李老师的大力支持，此后又进行了博物馆的实地考察，得到了严勇老师的支持，先后在故宫博物院、南京博物馆、南京云锦博物馆、山东曲阜孔子博物馆、杭州中国丝绸博物馆等进行调研。在上述基础上完成了明代服饰的初考和仿制工作。

本项目针对具有代表性的明朝服装结构、图案、刺绣、染色等进行研究，总结规律，归纳方法，并将成果汇集成册，以条理清晰、图文并茂的形式展现给大家。本研究的目的是为我们今后设计具有中国特色的创新服装及进行个案研究做好前期工作，同时可为我国研究民族服饰文化的传承与发展路径提供参考与借鉴。

王群山

2020 年 7 月 16 日

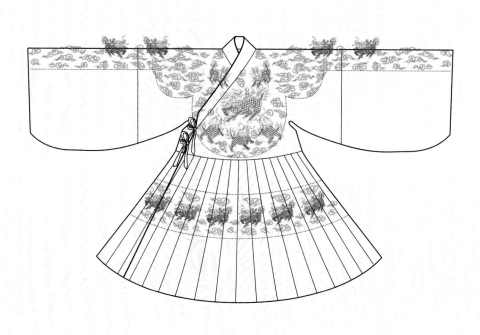

目录

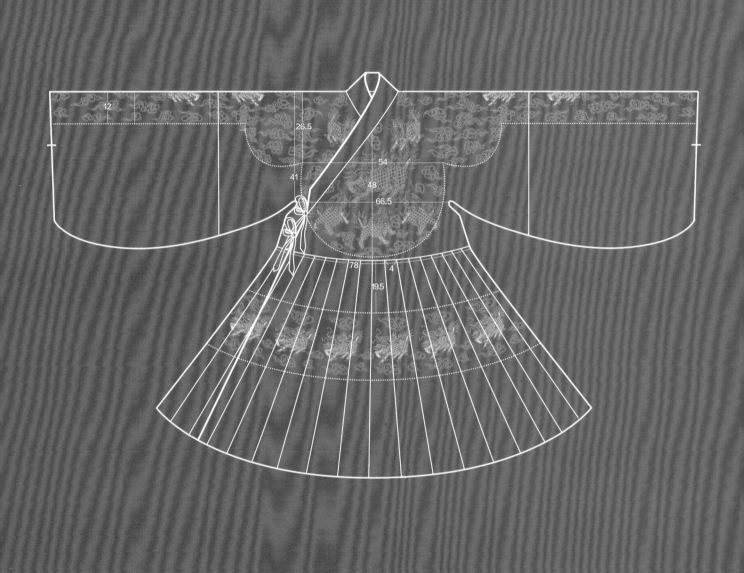

第一章

明代服饰结构

在中国服饰的历史演变发展中，明代服饰占据了举足轻重的地位。从现今流传的明代文学作品和历史记载中，作为明代文化和文明的象征，明代服饰文化达到了一个很高的水平，明代服饰研究成为当今窥探明代社会、经济、人文等生态的重要手段。在明以前，唐宋时期经济、人文、社会等方面的迅速发展，使中国服饰已经形成了较完善的衣冠制度；元代时期的胡风给汉人服装注入了清新的风气，但这也导致汉族礼仪、服制受到非主流认同的少数民族文化的冲击。

因此，在明王朝建立后，为重新振兴汉族社会，并消除包括蒙元在内各少数民族的文化遗存，废弃了元朝服制，按照上采周汉、下取唐宋的治国方针，对服饰制度做出了新的规定，恢复了唐朝衣冠制度，"浓纤得衷，修短合度"的适度美受到推崇，"丰肉微骨"再次受到重视，逐步形成了简约、质朴、注重内涵、等级严格的服饰制度。随着明朝社会的发展，最终形成了端庄大方、气度华美、廓型大气、结构独特的服饰风貌，成为中国服饰发展史中的艺术典范。

在政治的影响下，明朝服饰结构在结合唐宋汉服与蒙元胡服的特点基础上，形成了自己独到的风格，既保留有宽袍大袖、交领右衽的形制，也有在褡护、马面裙的结构上运用方便活动的前开衩、侧开衩形式，服装的样式和质地十分多样化。通过馆藏和史料资料的研究，并借助明代服饰仿制验证，明代服装颠覆了我们对中国传统服装结构的普遍认知：认为我国传统服装就是平面裁剪的形式，这是非常不科学的。在这时期，一些立体造型的手段已经大量地运用到服装上，如分割线、褶、省等，在麒麟袍服、袄、马面裙、褡护中已经运用到了顺褶、对褶、死褶、活褶等立体造型形式，袖部、衣身等位置分割线的运用也很普遍。A字形廓型、琵琶袖型、褶裥、省、分割线、交领、对襟等结构的运用大大丰富了明代服饰造型与结构。

一、袍服的结构

　　在明代服饰初考中，袍服主要是以麒麟袍（图1-1）为对象，进行研究复制。麒麟袍具有明代袍服的典型特征：交领右衽，A字形的廓型，宽袍大袖，腰部有横向分割线，腰部以下为褶裥。主要有领部、袖部、上衣身、下衣身（褶裥）四个部分，通袖长256cm，衣长143.5cm。

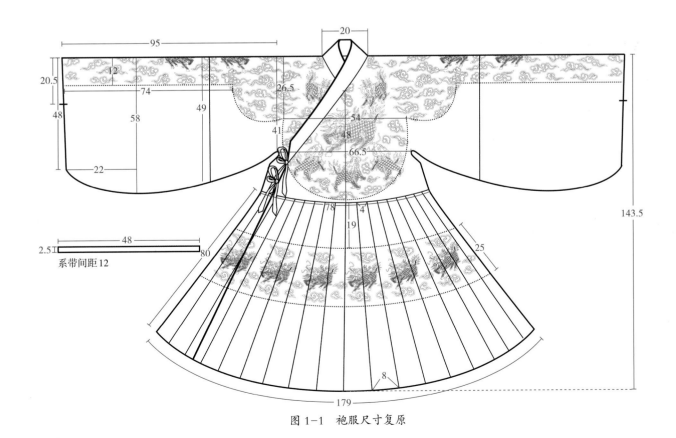

图1-1　袍服尺寸复原

1. 领部结构特点

受中国历来"以右为尊"的思想影响，汉服在历代变革款式上一直保持"交领右衽"的传统不变。明代袍服也不例外，其领型最典型的是"交领右衽"，就是衣领直接与衣襟相连，衣襟在胸前相交叉，左侧的衣襟压住右侧的衣襟，在外观上表现为"Y"字形。衽，本义衣襟。左前襟掩向右腋系带，将右襟掩覆于内，称右衽，反之称左衽。领（图1-2、图1-3）宽10cm，领阔为20cm，无后领窝。前领窝略有弧线，领长150cm。

2. 袖部结构特点

明代袍服是宽袍大袖的典型代表，"宽、长"是明代袍服袖型的主要特点，显示出雍容大度、典雅、庄重、飘逸灵动的风采。袖子又称"袂"，袖型独特，有很多样式，此明代服装初考中麒麟袍袖型的标准样式为琵琶袖式。

图 1-2　领部结构

图 1-3　麒麟袍领

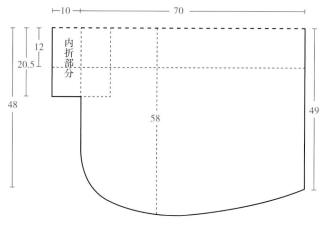

图 1-4　袖部结构

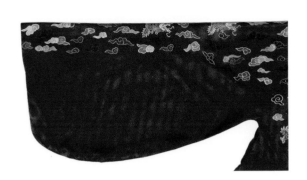

图 1-5　麒麟袍袖

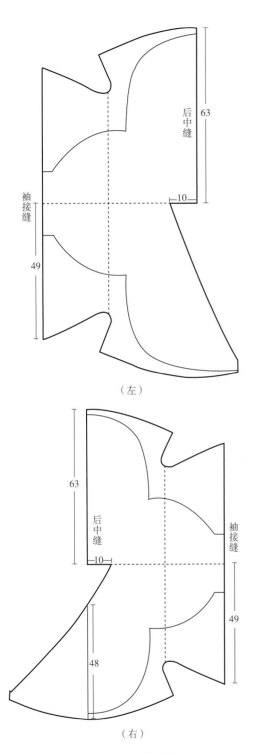

（左）

（右）

图 1-6　衣身结构

袍服琵琶袖式袖子为宽广大袖形式，肩线为水平直线。大袖通袖长256cm，袖上有袖襕，袖襕宽24cm，袖襕以肩线为中线分为前后两部分；袖子（图1-4、图1-5）与衣身处有分割线，分割线在离袖口70cm处，是与肩线垂直的线。袖子最宽处58cm，袖口宽48cm，袖根宽41cm。琵琶袖袖口处内折10cm，内藏袖开口20.5cm，袖口到袖窿处为圆顺曲线。

3．上衣身结构特点

衣身结构为交领右衽，有两条丝带系于侧缝处，系带长48cm，宽2.5cm，通过肩部分割线与袖子连接，分割线长49cm。后身有中缝分割线，后中缝长为63cm，前中无分割线，前中长48cm；胸围66.5cm。腰部有横向曲线分割线。前后身有麒麟图案，图案整体外形结构为柿蒂形造型（图1-6、图1-7）。

图1-7　麒麟袍身

图1-8　麒麟袍褶裥

4. 下衣身结构特点

　　腰部以下为褶裥结构（图1-8），衣长80cm，整个下衣身为上小下大的A字廓型，中间有膝襕，膝襕距上缘19cm，宽为25cm。每个褶裥间隔宽为上4cm、下8cm，活褶2cm。褶裥倒向一致，从前身看，褶裥倒向身体左侧，并延伸到后身片，沿身体围绕一周，褶裥部分上弧线围78cm，下摆围179cm（图1-9~图1-11）。

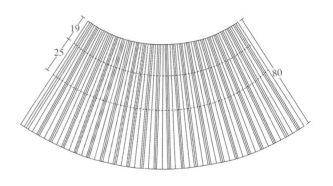

图1-9　后身褶裥结构

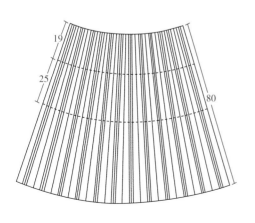

图1-10　右襟褶裥结构

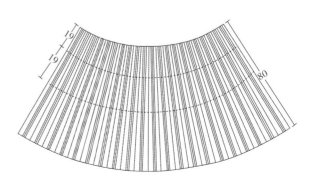

图1-11　左襟褶裥结构

二、袄裙的结构

1. 袄结构特点

明代上袄下裙的服装形式，上袄为直领对襟，是到腰部的短袄，衣身与袖子通过垂直于肩线的垂线分割。整个结构分为领部、衣身、袖三部分。

领高10cm，领长56cm，领尖处宽4.8cm。领阔22cm，无后领窝，前领深8cm，门襟宽2.6cm。衣身长63cm（不含领），胸围平量45cm，底摆处平量59cm。衣身两边收省6cm，肩部留有立体活褶6cm，褶长21cm（图1-12~图1-14）。

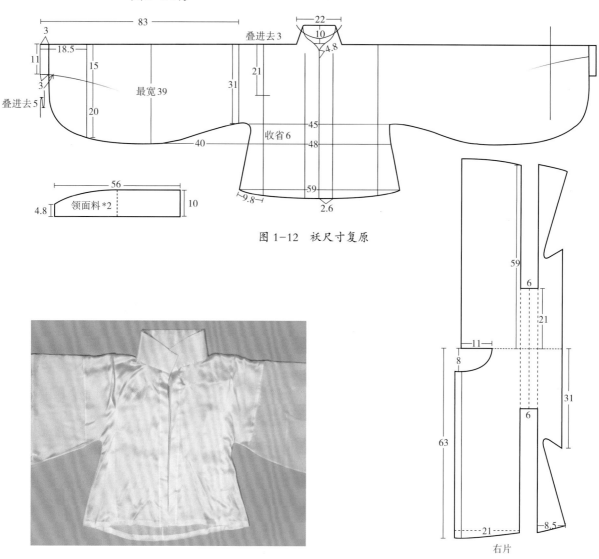

图 1-12　袄尺寸复原

图 1-13　袄身

图 1-14　袄身结构

整个袖子为琵琶袖的典型形式，宽广大袖，肩线为水平线，袄通袖长222cm，袖长（不含衣身部分）83cm，袖部与衣身在袖窿处有纵向分割线，分割线长31cm。袖口处有袖缘，袖缘长12cm，袖缘宽3cm，袖缘下方收立体活褶10cm。袖最宽处39cm，袖口到袖窿处的袖缝为圆顺曲线（图1-15、图1-16）。

2.马面裙结构特点

马面裙，又名"马面褶裙"，明代传统服饰的一种，马面裙结构（图1-17）主要由腰头、裙身两部分组成。穿着时褶在身体两侧，裙马面置于身体正前方，裙齐腰高度以实际身材为准，裙背、右片马面搭左片马面上，马面上下重叠，前后马面正中与身体前后中心对齐。马面裙搭配上袄称袄裙，裙长78cm，裙围度长120cm。

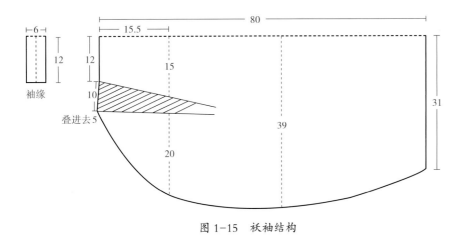

图1-15　袄袖结构

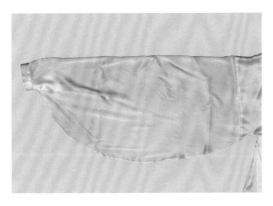

图1-16　袄袖

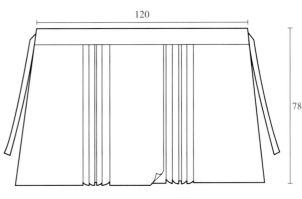

图1-17　马面裙尺寸复原

（1）裙腰结构特点

指马面裙上端束于腰部之处。裙腰头宽12cm，裙腰长120cm（图1-18、图1-19）。裙腰左右两端缝缀系带，带长60cm，带宽2cm，穿着时左右系带绕腰一周，绑紧腰部，打结系于前中心。

（2）裙身结构特点

裙身由裙门和裙褶两部分组成，共两片，裙身长66cm。马面裙起源于契丹，是为便于骑乘演变而来。马面裙有前后内外共四个裙门，平铺时可见三个群门，穿着时两两叠压，穿着时露在外面的是外裙门，遮掩于内的是内裙门；位于人体前部的称为前裙门，宽26cm，位于人体后部的称为后裙门，宽30cm。裙门亦称马面，除裙子裙门处不打褶外，其余诸处均打活褶，褶大而疏，褶宽8cm。身体两边共计12个褶，一边6个褶，前裙门处3个褶倒向后中，后裙门处3个褶倒向前裙门，中间两个褶形成对褶效果，褶间距4cm（图1-20、图1-21）。

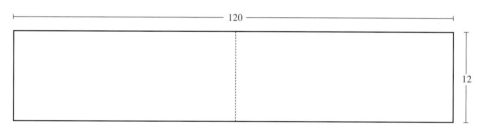

图 1-18　裙腰结构

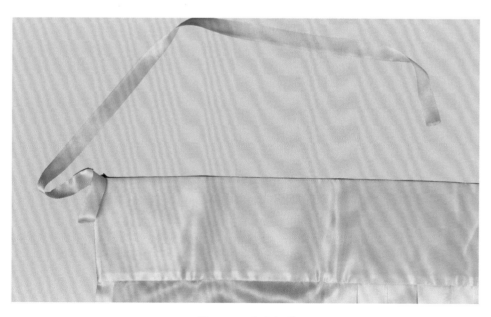

图 1-19　马面裙腰

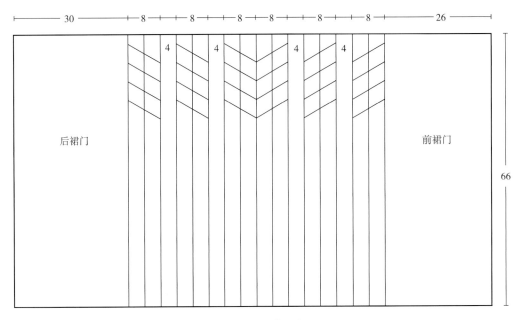

图 1-20　裙身结构

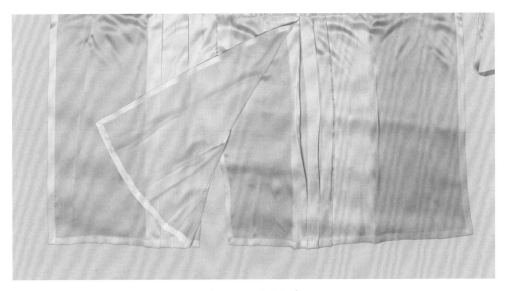

图 1-21　马面裙身

三、褡护的结构

交领右衽，无袖，左右开衩，右侧腋下有两对系带。整个衣身结构（图1-22）由两部分组成：领、衣身。衣长126cm，通肩宽66cm。

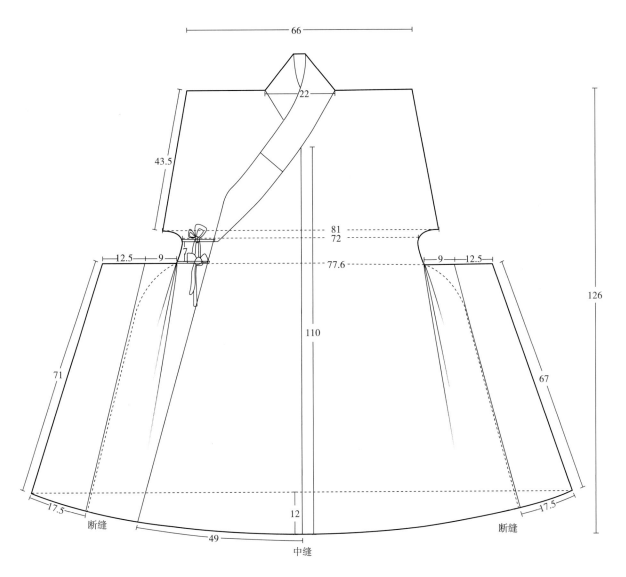

图1-22　褡护尺寸复原

1．领结构特点

交领右衽，领长125cm，领口长109cm，领阔22cm（图1-23、图1-24）。右襟领窝为与肩线垂直的垂线（图1-25），右襟领身42cm，左襟领窝为斜向弧线。右襟有内系带，系带长31cm，系带宽1.5cm。

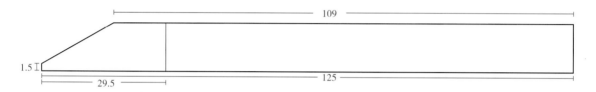

图 1-23　领部结构

图 1-24　褡护领

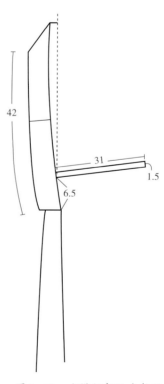

图 1-25　右襟领部尺寸复原

2．衣身结构特点

衣身由左右片（图1-26）、侧耳片（图1-27）组成。后片由后中线分成左右两片，后中缝长126cm。前片左襟片由前中线分成左右片，前中心线长110cm。前身右襟片只有前中心线右边片。通肩长66cm，袖口大43.5cm。

腰部左右两边上下各缀2条系带，上边带略宽，下边带略窄，两条带间距7cm。上边带长27cm，带宽2cm；下边缀带长22cm，带宽1cm（图1-28）。身侧有开褶，腰部两侧前后片上均有立体活褶，共计8个，如图1-29所示，A点与A点重合，B点与B点重合，两活褶相叠加形成立体形态（图1-30）。

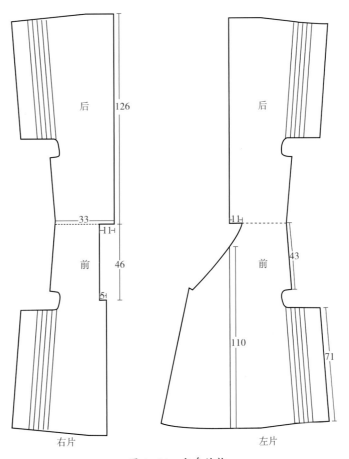

图1-26　衣身结构

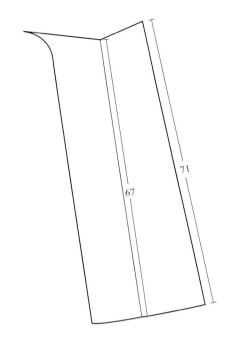

图 1-27　侧耳片结构

图 1-28　褡护衣身

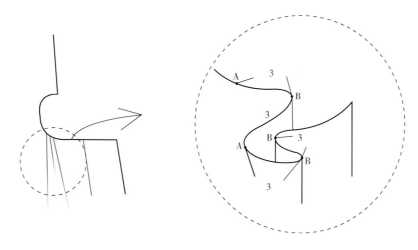

图 1-29　侧开衩褶示意

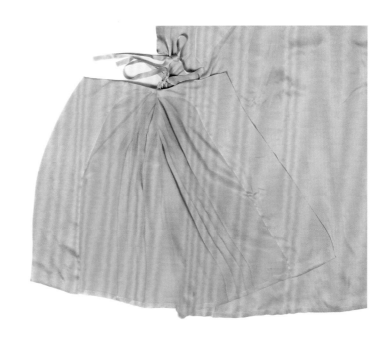

图 1-30　褡护侧开衩

明代服饰最突出的一点为恢复汉族礼仪，大体上沿袭唐代服制，禁胡服，宋元服装形式中的某些式样仍然保留。由于明王朝专制，对于服色和服饰图案规定十分具体，如玄色、黄色和紫色，以及图案中的蟒、飞鱼、斗牛图案百姓都不得穿用。直到万历之后此禁令才逐渐松弛。明代官服为区分等级，官服上缝缀补子，明代补子以动物图案为标识，文官为禽，武官即兽，袍色与图案也各有规定。

第二章

明代服饰及服饰图案

一、明代服饰简述

明代女子以修长为美，女子着比甲、长裙则是当时风尚；主要服装有衫、袄、帔子、背子、比甲、裙子等，服装基本样式按照唐宋的旧制。一般平民妇女多用紫花粗布为衣，服饰上的纹样均施以彩绣，但不可用金绣。袍衫不能用大红、雅青和正黄，只能用桃红和绿色等间色，以防与皇家服色混同。男装基本沿袭宋元风格，变化不大。官服以袍衫为标准，头戴梁冠，足为云头履；袍衫上缝缀补子，以区别官员的品级。官服样式特点，盘领右衽、袖宽三尺，头戴乌纱帽，黑色革靴，此搭配为明代官服的典型配套服饰。平民百姓常穿窄袖的杂色盘领衣，主要的服装有袍、衫、短衣、罩甲等。头戴六片疙瘩帽，还有吉祥的名字为"六合一统帽"，俗成瓜皮帽，为当时民众日常所戴。一般文人的着装为襕衫，头戴瓦式布巾，还有包巾、东坡巾、飘飘巾等二十多种样式，基本统称为儒巾。仕官贵族的服装款式仍是宽衣大袖。

对官服、赐服的等级基本是按照色彩与图案来进行区分。袍服类包括有"官服""越级赏赐的品官之服"和"独立于品官服制之外存在的赐服"。包括如蟒服、飞鱼服、斗牛服及麒麟服，此外还有直接赐赏的袍料。

二、明代官服与赐服图案的使用

中国传统图案是一种特殊的图像语言，其背后蕴藏着丰厚的文化内涵。衣冠禽兽一词，源于明代"文禽武兽"的官服的补服制度，即按品阶使用不同的禽兽补子。越级赏赐，顾名思义，是赏赐本不属于本职位分内所能穿用的品官服制的袍服，或称"借服"。这种以蟒、飞鱼、斗牛、麒麟等为代表的缀有典型瑞兽纹样的袍服，仅有少数文武官员和宦官能受此赏。这类现实生活中本不存在的神兽，因其与龙极为相似的外形，被用以表达皇帝对受赐者的重视与关照，同时满足了官员对权势的倾慕与崇尚。

1. 官服与赐服图案的区别

明代以来受市井文化兴起影响，装饰图案的祥瑞寓意不断涌现，而作为赐服上使用的装饰图案，除祥瑞的表达外更是需要顺应区别等级袍服图案的政治方针。与品官补服中大多数现实存在的禽兽相比，这些赐服上的装饰图案越是超凡入圣就越是具有更丰富的内涵，越是能显示更尊崇的地位。如蟒纹，因其酷肖龙形，既不犯上又有地位尊贵的威严不可侵犯。飞鱼图案就具有运程亨通、平步青云的显贵寓意，包含对能力以及地位的祈愿。在《宸垣识略》中有记载："西内海子中有斗牛，即虬螭之类。"[1] 虬与螭都属于小龙一类，虽地位不及至尊之龙，但也非寻常人等所能衬得上，斗牛作为太和殿脊兽之一，遇阴雨可做云雾，也带有除祸灭灾、镇邪护宅的寓意。麒麟图案虽形象最不近龙，但自古便有仁兽之名，凡其出没处必有祥瑞。魏晋学者杜预曰："麟者仁兽，圣王之嘉瑞也。"[2]

2. 官服与赐服中辅助图案的应用

在官服或赐服上除却主体图案所带有的吉祥与地位之外，它的辅助图案也同样表达着人们的美好愿景。协同主体图案的主要有江崖海水纹、云纹、花卉纹、几何纹及杂宝纹，等等。江崖海水纹在明清两代都应用得十分广泛，明时江崖海水在整体纹饰中的占比并不很多，而且显得更为自然生动、波涛翻腾，寓意江山永固、万代连绵。云纹自身就常与神圣联系在一起，进入明代不论是朵云纹还是流云纹，基本上都与四方如意相结合，形成如意云头纹样，确立了四合如意的吉祥内涵。花卉图案在明代也使用极多，尤以缠枝花为多。缠枝花图案中花体部分如莲花、牡丹、菊花等都自有寓意，结合缠枝纹又构成了生生不息、连绵不绝的喜庆。在几何图案中，卍字纹与回纹一般都是以做地或做边饰来出现的，卍字纹样的寓意为吉祥万德之所集，回纹则有富贵不断头之意。因其循回往复的组合形式同样兼有吉祥常在、富贵连绵的吉庆寓意。

---

[1]《宸垣识略》，清吴长元撰地理著作。

[2]《春秋·公羊传·哀公十四年》："春，西狩获麟。"杜预注："麟者仁兽，圣王之嘉瑞也。时无明王出而遇获，仲尼伤周道之不兴，感嘉瑞之无应，故因《鲁春秋》而脩中兴之教。绝笔於'获麟'之一句，所感而作，固所以为终也。"

3．明代官服与赐服图案在服装中的布局

官服或赐服上的主体装饰图案主要装饰于补子、肩袖部位和膝部，此外还有部分作为团窠形式满地装饰。明代补子脱胎于元朝胸背，包括在明代也有称为胸背的，名副其实，是缀补在衣服前胸后背的装饰片，主题纹样盘踞于装饰片中央，四周辅以花卉纹、江崖海水纹或云纹等（图2-1~图2-5）。通常还有的装饰构成柿蒂窠形式，柿蒂窠、团窠中的窠，意为这类丝织品上主题纹样的外轮廓，由此不难知晓柿蒂窠是将纹样排布成的柿蒂形轮廓，团窠即是圆形的（图2-6）。明代袍服上的柿蒂窠以衣领为中心覆盖前胸后背以及两侧肩膊，主体纹样由外襟前胸正中起盘旋过肩，再首尾相接于后中，在另起一条盘旋归于前片内襟（图2-7）。在膝部、袖部的则是横襕装饰，袖襕、膝襕多缝缀在袖上部与膝线处（图2-8、图2-9），当然明代很多装饰纹样是直接在面料上织出图案，无须额外缀补。作为膝襕、袖襕装饰的蟒、飞鱼、斗牛、麒麟等这类图案一般横向蜿蜒、首尾相连呈二方连续式，可能还会存在异色相间。满地团窠装饰呈现均匀散点式排布，团窠

图2-1　斗牛纹补子（图片摄于南京云锦博物馆）

中的主体图案则是盘踞成团，与四周辅助图案共同形成团状。图案构成的个体与个体之间维持了一定的距离，分开了主体与辅助，让其不至于被混淆。同时依靠间距大小控制了图案的疏密变化。而由于作为主体图案的飞鱼、斗牛、蟒，皆是蛇身的物象，所以主体自身的盘旋角度等动态表现也呈现出疏密不同、聚散有度的状态。麒麟纹尽管是兽身图案，但首、身、尾线条流畅，四足成行走奔腾之势，间距由远及近，极具动感。这样的飞鱼、斗牛、麒麟与蟒，打破了均匀排布的呆板与不真实，实现了动物图案所应该达成的生动和谐。还有作辅助之用的缠枝花，枝叶蟠绕，富于变化，疏密张弛之间带动出图案的律动与节奏。图案的虚实关系也使得纹样不呆滞死板。常见围绕在飞鱼、斗牛、麒麟和蟒等主体纹样周围的云纹、海水纹等，外圈都有渐变色圈，逐步弱化与底色的对比度以凸显主体。既控制了整体的节奏，也以虚托实避免模糊掉主体图案的重点视觉地位。

图 2-2　文官六品鹭鸶补子

图 2-3　文官一品仙鹤补子

图 2-4　武官一二品狮子补子

图 2-5　武官五品熊补子

图 2-6　李贞袍服上的团窠蟒龙纹
（图片来源于网络）

图 2-7　柿蒂窠飞鱼纹
（图片源于"斯文在兹：孔府旧藏服饰特展"）

图 2-8　蟒纹膝襕
（图片源于"斯文在兹：孔府旧藏服饰特展"）

图 2-9　袖襕
（图片源于"斯文在兹：孔府旧藏服饰特展"）

三、明代服饰图案的吉祥寓意

中国自古有巧妙运用花鸟、走兽、日月星辰等，以神话传说、民间谚语为题材，通过借喻、比拟、双关、谐音、象征等手法创造图形与吉祥寓意完美结合的传统。明代服饰中的吉祥图案在宋代吉祥纹样的基础上得到很大发展，图案内容多用谐音、会意的手法（图2-10），如"五谷丰登""延年益寿""福寿如意"等。

图 2-10　麒麟纹（图片源于北京服装学院仿制服饰拍摄）

其中花卉图案，有满地"规矩纹""缠枝花""折枝花鸟"，还有明锦中最著名的"落花流水纹""如意团花纹"等。题材广泛，风格活泼多样。

明代的政治制度与市井文化对当时的装饰艺术产生了深远的影响，明代装饰艺术集历代装饰之大成，呈现出明快、大方、质朴的风格特点。加之明代纺织业的发展，当时的服饰图案在继承宋元的基础上更具有鲜明的时代特色。"图必有意，意必吉祥"，明代图案最具特色的当属吉祥图案，吉祥图案饱含的"富、贵、寿、喜"等美好寓意，是对明代市井文化美好追求与审美趣味的完美概括。吉祥寓意几乎在各种题材的服饰图案中都有体现。明代典型的服饰图案种类可分为：动物纹、植物花卉纹、自然天象纹、民俗百景纹以及上节所述的礼制制度下的官服图案。

四、明代锦缎图案的构成与表达

明代锦缎图案数量较多，内容特别丰富，有不同类型与花色的变化可达千种。所谓不同种类可以分为锦、缎、绫、罗、绸、纱、绢等。其中在锦缎上织出的图案特别值得分析研究和学习，因为质量精美、色彩华丽、织法复杂无与伦比；在锦缎上织出美丽的图案，真可谓"锦上添花"。锦上织出花纹的技术叫作"提花"，通常可以分为三种：一是本色花（单色，即经纬线颜色全部相同）；二是妆花（多根纬线用多种颜色，最少二色，最多可以达到七色）；三是织金（有各种不同的加金或加银的方法）。作为中国织锦工艺的优美成就之一，明代妆花和织金技术所产生的极丰富而美丽的织锦图案，是中国历代丝织工艺家们勤劳和智慧的结晶。

1. 明代锦缎图案愿景

明代锦缎保存了唐宋以来优美的图案，并且进一步用新的技术丰富了它们。如盘织、龟背、八达晕、樗蒲、瑞鹊衔花等各种织锦图案，就是唐宋以来传统的锦缎图案。通过这些锦缎图案，可以看出古代工艺家巧妙的匠心。

中国锦缎图案中最常见的是花卉禽鸟纹，织出花卉禽鸟需要更繁难的技艺，这种取材是为了使装饰艺术满足人民的生活理想和情感需要。莲花原是佛教的符号，象征着最高尚的纯洁。其演变的结果，除固定了形式的"宝相花"以外；在另一方面，则根据人们的需要和爱好，加入了衔鱼的水鸟、鸳鸯、鹭鸶等纹饰，并且莲花附了藕、叶和莲实，构成一种富于生活情趣的小景。足以说明花鸟等图案的流行是因为它联系着当时人们的生活需求，并能带来清新快乐的气氛，体现了美丽的想象和追求幸福生活的愿望。

2. 明代锦缎图案的写实表达

在锦缎的花鸟图案的处理上也可以看出中国民众传统的爱好习惯。例如，在图案手法中，一方面进行了非常大胆而果敢的简化和规律化的变形，但另一方面又非常注意保持事物原有的天然形态特征（图2-11）。不仅要求强烈的图案效果，同时还要对于原来的事物能够加以分辨，而明确地叫得出它的名称，如梅花、海

图 2-11　黄地织金棋子格团龙凤锦（来源于《中国锦缎图案》）

棠花、桃花、牡丹花、桂花、菊花、山茶花，等等。在花纹组织方面，也能巧妙地表现在规律化中尽量寻求变化，如花的排列向背、枝梗的牵绕往复回旋、叶与蓓蕾的轮番出现、花形的色彩变化和四时花及杂花等变化，都是力求在规律中避免重复单调所做的努力（图2-12~图2-20）。并且这种努力是成功的，它使图案的效果更丰富起来。此外在这些图案处理上表现了追求饱满和完整的意图，一朵花必须生在枝茎上，要有叶、有果实，甚至有根，并且要有鸟或蝴蝶。总之使一朵花的各方面关联都齐备起来，从而使得对这朵花的生命的认识饱满完整。

图2-12　红地莲花织金缎（来源于《中国锦缎图案》）

图2-13　墨蓝地莲花牡丹缎（来源于《中国锦缎图案》）

图2-14　蓝地加金杂花锦（来源于《中国锦缎图案》）

图2-15　蓝地莲花锦（来源于《中国锦缎图案》）

图 2-16　蓝地莲花锦（来源于《中国锦缎图案》）

图 2-17　绿地牡丹花锦（来源于《中国锦缎图案》）

图 2-18　银白地蓝花缎（来源于《中国锦缎图案》）

图 2-19　红地折枝梅花缎（来源于《中国锦缎图案》）

图 2-20　棕色地加银鸳鸯莲鹭花鸟锦（来源于《中国锦缎图案》）

3．明代锦缎图案的写意表达

但在服饰图案的创作过程中，并不排除理智和知性的参与，作为理性的认识，中国哲学的"观象悟道"是这种认识论的科学表达，观象的目的不在于模仿物象，主要是悟万物的本质规律。在服饰图案上所表现的形象基本上不是完全模仿自然之象，而是悟道之象，这是理智与感性交融的造型方式。在颜色的搭配上运用了传统的五行观念（木、火、金、水、土），以大红表示喜庆，用艳丽的五彩造成热烈欢快的气氛，以阴阳五行为基本，对应有东、南、西、北、中五方，春、夏、秋、冬、长夏五时，青、赤、白、黑、黄五色，心、肝、脾、肺、肾五脏等，它们之间的对应关系是相生相克的关系。在服饰图案颜色的具体搭配运用时，还需把颜色分出性格，易于色彩搭配和谐、美观。

五、明代服饰图案的视觉美感

服饰图案的创作者在满足精神内含需要的同时，还追求着服饰图案的视觉美感。这就更增加了服饰的图案装饰效果。不仅如此，当图案在服装或饰品上进行装饰的同时，图案在一定程度上体现着这不同服装和饰品的特定属性，或赋予其某种意义和内涵。由于明代的服饰与图案的变化，随着社会的不断进步与发展，明代各个时期的服饰图案也各具特色。经过长期的艺术实践，明代的服饰图案形成了自己的造型、色彩、构图的形式美法则。

明代中国服饰图案是我国宝贵的民族艺术遗产之一，它给我们提供了创造优秀作品的先例。

明代刺绣品种繁多，技艺精进，超越了以往任何朝代。明代刺绣无流派之分，比较有代表性的是北方的鲁绣和南方的顾绣。刺绣的主要元素包括绣地、绣线（色彩）、针法和纹样。

第三章

明代服饰刺绣

刺绣，又称针绣，是用针引彩线，在织物上按事先设计的纹样运针，以针迹形成装饰图案的一种工艺；是针线在织物上绣制的各种装饰图案的总称。

《尚书·虞书》中记载了有关制作章服的彩绘和彩绣，距今已有4000多年的历史。《考工记》也详细记载了周代在织物和衣服上描绘图案的方法、包括彩绘和彩绣。在历代传承和创新中，刺绣形成了各式各样的风格和针法，运用不同针法的组合，形成了纹样的层次和立体感；又因为在不同的地域擅于运用的绣地不同，又形成了不同的质感。通过刺绣形成的装饰纹样让织物美轮美奂，具有个性，蕴含民族文化，是中华民族的瑰宝。

刺绣工艺发展的鼎盛时期是在明清，明代刺绣品种繁多，技艺精进，超越了以往任何朝代。明代刺绣无流派之分，比较有代表性的是北方的鲁绣和南方的顾绣。刺绣的主要元素包括绣地、绣线（色彩）、针法和纹样。

一、绣地

绣地，刺绣的底子即刺绣的面料，明代绣地以绫、罗、绢、缎、绒、妆花织物为主。纺织是明代支柱产业之一，织造分工细，制作精良。

1. 绫织物特点

绫，组织结构如图3-1所示，是经线以斜纹结构为特征的丝织品，可分为两类：素绫和纹绫。素绫是单一的斜纹组织（图3-1）或变化斜纹组织织物；纹绫是指有暗花的斜纹组织织物（图3-2）。

图 3-1 绫组织结构图

图 3-2 花卉纹绫
江西德安南宋咸淳十年（1274）周氏墓出土

2．罗织物特点

罗，组织结构如图3-3所示，是采用绞经组织使经线形成明显绞转，并运用罗绸织法使丝织物表面产生纱空眼的丝织品。面料特点结实、纱眼通风（图3-4），适合制作夏季服装，穿着凉爽。

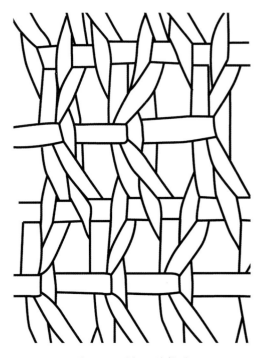

图3-3　罗组织结构图

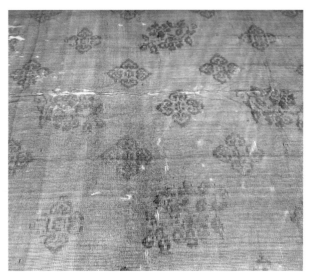

图3-4　黄褐色如意山茶暗花罗

江西德安南宋咸淳十年（1274）周氏墓出土

3. 绢织物特点

绢，组织结构如图3-5所示，是由相隔的经线和纬线上下织造而成，从而形成质地紧密、轻薄、平挺的平纹组织的丝织品的通称。面料特点为平实耐用（图3-6）。

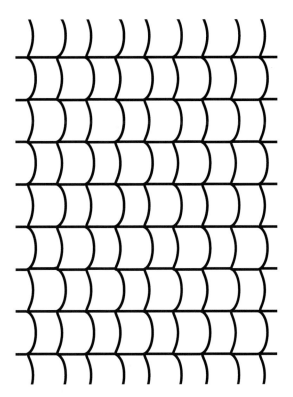

图 3-5　绢组织结构图

图 3-6　隋代（581—681年）蓝绢片
（新疆阿斯塔那古墓出土）

4．缎织物特点

缎，组织结构如图3-7所示，是经线和纬线中只有一种以长浮长段形式显现于织物表面并形成外观平滑的丝织物。面料特点为纹路精细、平滑光亮、质地柔软（图3-8）。

图 3-7　缎组织结构图

图 3-8　清代（1644—1911 年）明黄地折枝牡丹缎
（中国丝绸博物馆藏）

5．绒织物特点

绒，组织结构如图3-9所示，全部或部分采用起绒组织，表面呈现绒毛或绒圈的丝织品。面料特点为表面有隆起的紧密的绒毛或绒圈、柔软光亮（图3-10）。

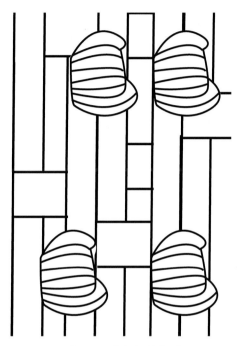

图 3-9　绒组织结构图

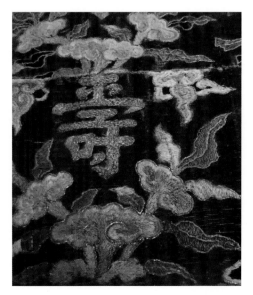

图 3-10　明代（1368—1644 年）寿字纹绒地绣
（中国丝绸博物馆藏）

6. 妆花织物特点

妆花织物，组织结构如图3-11所示，是采用挖梭（俗称过管）工艺织入彩色丝线的提花织物，可在不同的地组织上进行妆花工艺，从而织出五彩缤纷的彩色花纹。妆花织物是中国古代丝织品最高水平的代表（图3-12）。面料的特点是色彩变化丰富。

图 3-11 妆花组织结构图

图 3-12 明代璎珞纹妆花缎（中国丝绸博物馆藏）

二、绣线（色彩）

绣品的色彩呈现是由无数绣线组成，刺绣是用线配色。绣线如画卷中的颜料，颜色越多，层次越分明（图3-13）。明代绣品的绣线色彩丰富，配色极为讲究，使得该时期绣品相较于前朝更为真实生动。

1. 色相

从色相来说，明代的色种据记载有红、橙、黄、绿、青、兰、紫等，可多达88种，且每种都有各自的色名，如红色，又分大红、朱红、胭脂红、玫瑰红、桃红、深红、枣红、粉红、洋红、牡丹红、玛瑙红、珊瑚红、血红、水红、殷红、贵妃红、酱红、梅红，等等。

每个色种又分几十种深浅浓淡不同的色阶，据记载，合计多达745种色阶。故明代绣线色彩极为丰富，可说无色不有。

图 3-13　蚕丝绣线

2. 配色

明代绣品在配色上，比较善于运用类似色和对比色，同时运用金、银、黑中性色圈边，使得整体色彩既丰富又和谐统一（图3-14）。

《纂组英华》载："明绣所用之种种色线，率有为宋绣所未先见之正色外之中间色线。"即明代绣品以多种色种穿于针中，以针调色，任何复杂之色，均能调出和绣出（图3-15、图3-16）。

图 3-14 明代洒线绣蜀葵荷花五毒纹经皮面（故宫博物院藏）

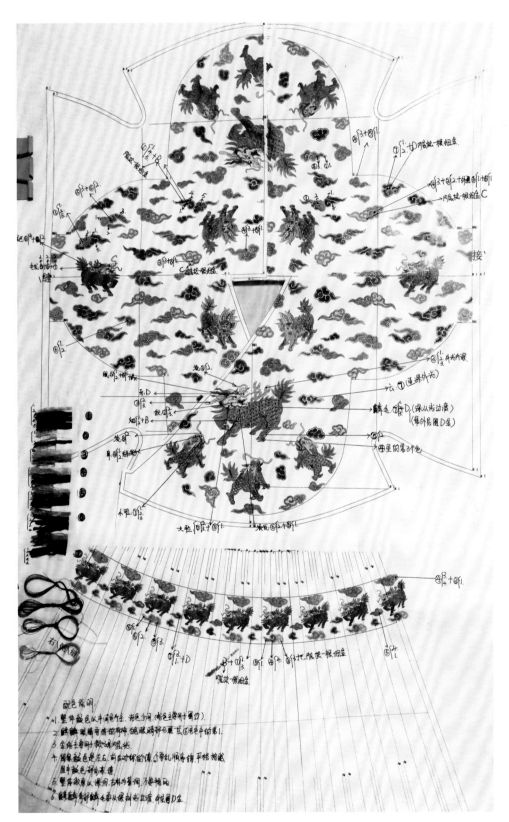

图 3-15 仿制麒麟袍的绣线配色

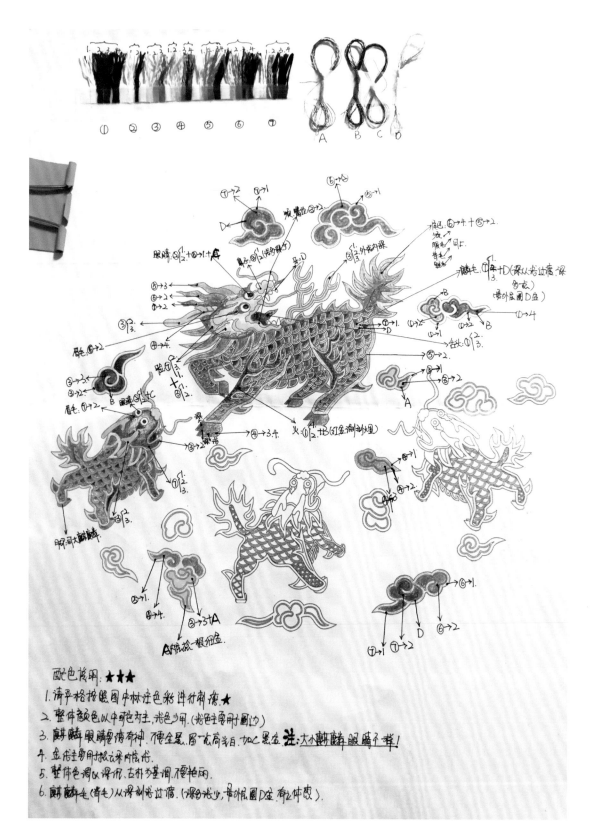

图 3-16　仿制麒麟袍细节的绣线配色

三、针法

明代刺绣的技艺特点为"平、齐、均、光、顺、和、细、密"。针法有数十种
之多，常见的有齐针、戗针和套针。

1. 齐针

齐针，又称平针，是最基础的刺绣针法。绣的时候起、落针都在纹样的外边
缘，针距匀称、不重叠、不露底；按照角度的不同又可分为直针和斜针。

（1）直针

直针是按照纹样的轮廓从一边到另一边用直线绣出，针脚短、密，能够铺满
底布。绣的时候，绣线朝一个方向，不重叠，外边缘整齐。此针法是基础针法，
运用广泛（图3-17）。

图3-17　麒麟袍云纹绣花特写

①首先，针从纹样的外边缘轮廓a出，从纹样的另一端外边缘轮廓b入，再从
c出d入，ab与cd要紧紧贴合，针脚排列须平行、均匀（图3-18）。

②依上面方法继续按轮廓绣制，直到图案完成（图3-19）。

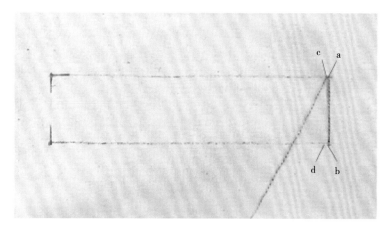

图 3-18　直针步骤 1

图 3-19　直针步骤 2

（2）斜针

斜针又称缠针，是用短的斜线条缠绕纹样轮廓绣满图案。针从纹样轮廓的一侧出再从另一侧入。此针法一般用于绣制小花瓣、小树叶等。

①针从纹样轮廓一端 a 出，然后从纹样轮廓一端 b 入，再从 c 出，ab 斜线与水平线一般小于或等于 45°（图 3-20）。

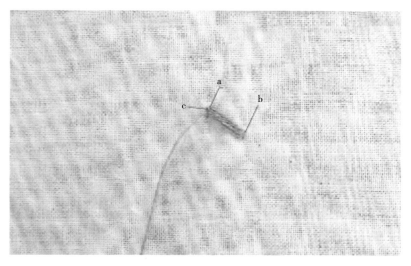

图 3-20　斜针步骤 1

②依上面方法继续按轮廓绣制，直到图案完成（图3-21）。

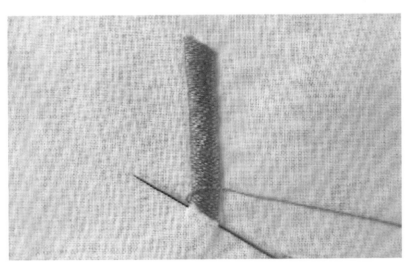

图 3-21　斜针步骤 2

2. 戗针

戗针是按照纹样的轮廓分批绣，后批衔接前批，颜色有层次地过渡，使每批的颜色形成渐变。戗针又分为正戗针和反戗针。此针法多出现于绣制盛开的花瓣。

（1）正戗针

①将图案分成N等分，每等分的高度大致相同。从上而下绣，针从a出b入，从c出d入（图3-22）。

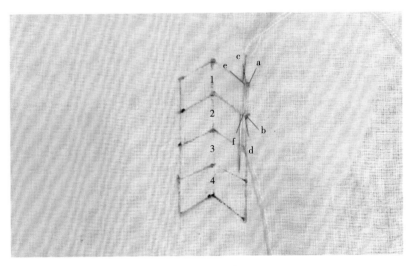

图 3-22　戗针步骤 1

②依上面方法继续按轮廓绣制，直到第一等分绣完。针脚要整齐，不露底（图3-23）。

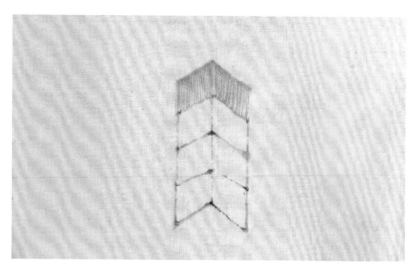

图 3-23　戗针步骤 2

③按以上的方法继续绣第二等分。注意，第二批针脚的刺出点要在第一批针脚的刺入点（即图3-22的b、d、f点）内侧一点点，且后一批的针脚务必刺入前一批的每根线上，不是刺入两线之间（图3-24）。

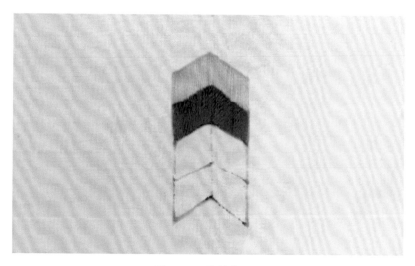

图 3-24　戗针步骤 3

④第二等分完成后，继续绣第三等份，同样第三批针脚的刺出点要在第二批针脚刺入点的内侧一点点。依此类推完成纹样绣制（图3-25）。

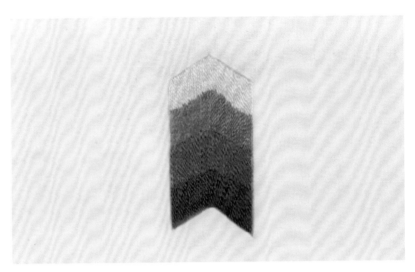

图 3-25　戗针步骤 4

（2）反戗针

反戗针是由下向上绣，第二批开始要压一根线在上一批里，使得纹样更加立体、齐整。

①将图案分成N等分，每等分的高度大致相同。用前面相同的方法从下而上绣制第一批（图3-26）。

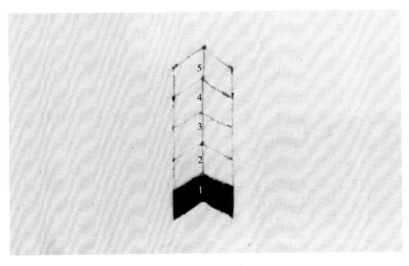

图 3-26　反戗针步骤 1

②第二批开始前，先从a点出、b点入，绣出一条横线，然后从c出，针从ab底下穿过，再从d入。效果将更立体（图3-27）。

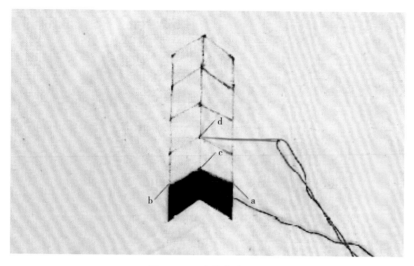

图3-27　反戗针步骤2

③用第二步同样的方法，以cd线为中心，向左绣完后，回到cd处，再向右绣；最后，横线ab被藏在第二批针脚下端的绣线里（图3-28）。

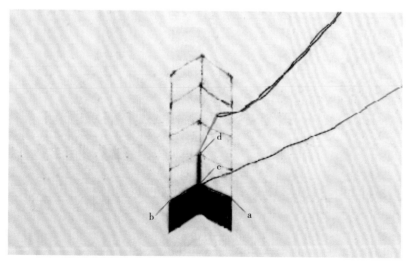

图3-28　反戗针步骤3

④第二批绣完后（图3-29），用同样的方法绣第三、第四批……最后完成纹样绣制（图3-30）。

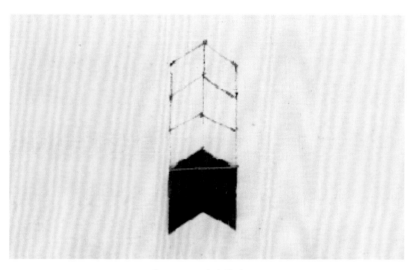

图 3-29　反戗针步骤 4

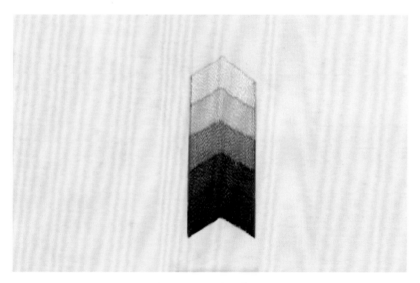

图 3-30　反戗针步骤 5

3．套针

套针就是用渐变色一批套一批地绣制，形成色彩晕染、过渡自然的效果。套针可分为平套针和散套针。此针法一般用于绣制盛开的花卉、禽鸟等。

（1）平套针

①首先将图形分成几等分，绣第一批时，针从a出，从b入，再从c出、d入（图3-31）。ab和cd要有一些针距，以保证第二批绣线能插入其中。

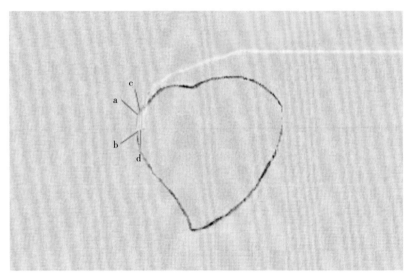

图3-31　套针步骤1

②用上面的方法从左至右绣，完成第一批。针脚保持垂直，排列齐整（图3-32）。

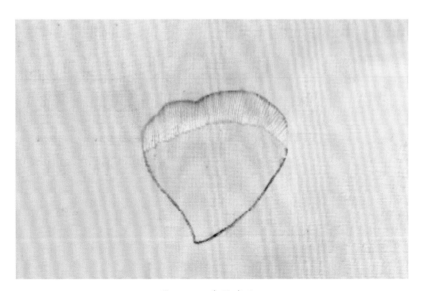

图3-32　套针步骤2

③用深一些的绣线绣第二批。针从e出f入。e位于第一批针脚垂直方向的中点处和两条绣线（即针距）之间（图3-33）。

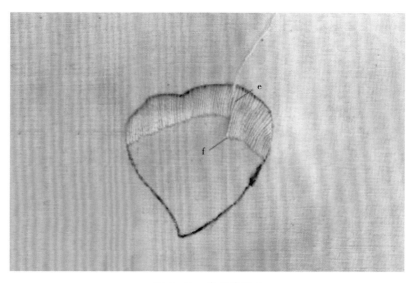

图 3-33　套针步骤 3

④取更深一点的绣线，绣第三批，出针点在第一批针脚的尾部上方一点点，即第三批针脚的出针点与第一批针脚的落针点相接（图3-34）。

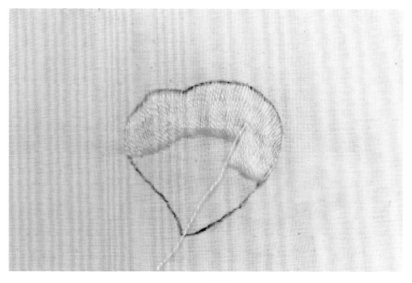

图 3-34　套针步骤 4

⑤用同样的方法绣第四批、第五批……从而完成纹样绣制（图3-35）。

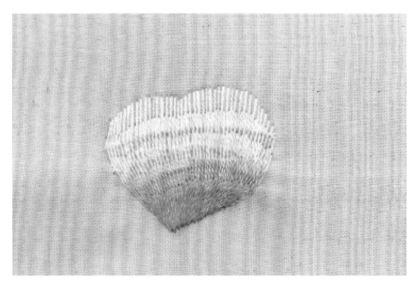

图3-35　套针步骤5

（2）散套针

散套的针脚错落有致，颜色的过渡非常自然。散套针一批一批地套搭，层层相叠，但不堆砌且不露针脚。

①根据纹样，首先将图形大致分成几等分，绣第一批，从a出b入，再从c出d入，依次从右向左绣（图3-36）。注意刺入点并不齐整，针脚长短不一；但排针要均匀、齐整。

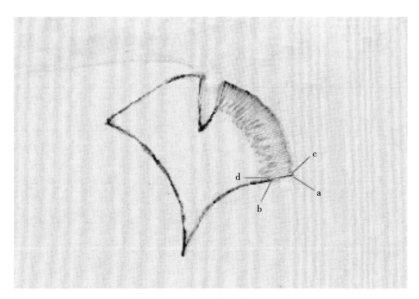

图3-36　散套针步骤1

②用深一些的绣线，开始绣第二批。针从e出f入。刺出点在第一批针脚垂直的中点甚至更高的位子且两条绣线（即针距）之间（图3-37）。

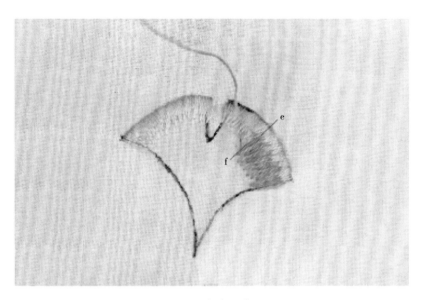

图 3-37　散套针步骤 2

③第二批绣制的刺出点、刺入点均高度不一且针脚长短不一、上下错落（图3-38）。

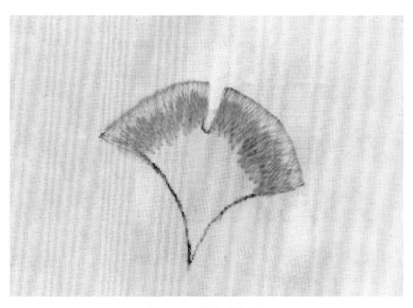

图 3-38　散套针步骤 3

④用同样的方法绣制第三批，且出针点在第一批针脚的尾部上方一点点，即第三批针脚的出针点与第一批针脚的落针点相接。按同样的方法绣第四批……直至绣完图案（图3-39、图3-40）。

图3-39　散套针步骤4

图3-40　麒麟袍麒麟纹绣制特写

四、麒麟袍刺绣仿制

第一步　扎版

第二步　刷版

第三步　上绷

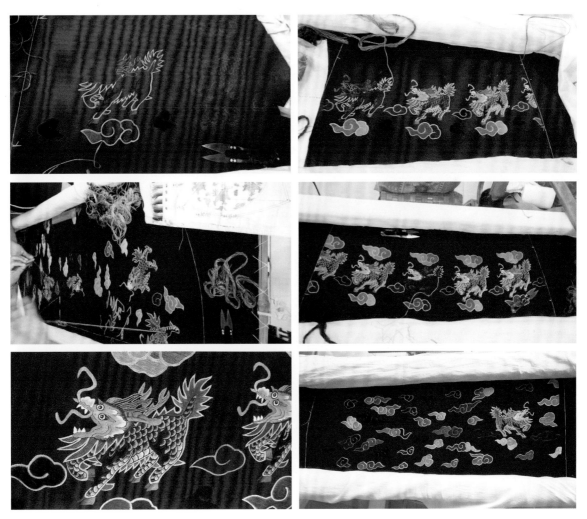

第四步　绣制过程

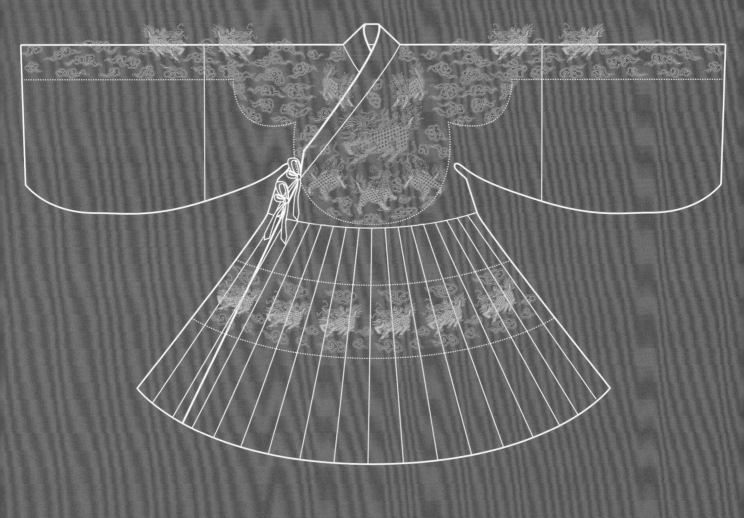

　　明代初期，服装颜色的使用上有着严格的等级制度，红色作为正色具备了崇高的地位，在皇室贵族中被广泛使用，昭示了封建统治阶级王权至上的思想。民间服饰颜色则以平淡素雅为主。明代中后期，统治阶级力量不断削弱，人们的思想逐渐开始解放，染色技术和染料都得到了空前发展，民间也不断出现使用高纯度的鲜艳色彩，并开始广泛使用红色，将中华红的色彩元素渗透到了中华文化的脉络里。

第四章

明朝服饰色彩

一、明代服饰色彩的渊源

明代服装色彩文化底蕴与古代色彩体系有着重要的联系。原始唯物论观念下的"五行论"是构成中国五色学说的重要思想基础，最早在《周礼·考工记》中就有记载，译为其东方为木性，其色为青；南方为火性，其色为赤；西方为金性，其色为白；北方为水性，其色为黑；土居中宫，其色为黄❶。春秋战国时受阴阳学说的影响，合流成为系统的五行学说，提出"五行生胜"之说。认为木生火、火生土、土生金、金生水、水生木为五行相生，水胜火、火胜金、金胜木、木胜土、土胜水为五行相克❷。不同时期人们对于五色有不同的追崇，古代服色按照五德学说的"夏黑，商白，周赤，秦黑，汉赤，唐黄"，明代上取周汉，下取唐宋，以火德王天下，色尚赤，规定其节日大典穿着衮服❸。

二、明代初期服饰色彩的特征

明代初期，封建统治森严、政权高度集中，严格约束着人们的生产生活。在服装颜色的使用上也有着严格的等级制度，并设有染料管理机构和专职染色流程的染坊。由于明代崇尚儒家"礼乐仁义"的道德思想，把五色与"仁、德、善"相结合，并运用"礼"作为色彩的表现方式，将五色定位正色，予其尊卑、等级的象征，红色作为正色已经具备了崇高的地位。

在《明史·舆服志》中记载，衮服由玄衣、黄裳、白罗大带、黄蔽膝、素纱中单、赤舄配成。其大祀等重大场合官员着朝服，文武官员不分职位高低均戴梁

---

❶ 张乾元.《画缋》考辨[J]. 美术考察, 2003(10): 97.

❷ 余雯蔚, 周武忠. 五色观与中国传统用色现象[J]. 艺术百家, 2007(5): 138–140.

❸ 冯泽民, 刘海清. 中西服装发展史[M]. 3版.北京: 中国纺织出版社, 2005:109–116.

冠，服赤罗裳，青缘青饰，以冠梁数日、革带、佩绶、笏板等区分等级❶。百官上朝奏事、谢恩，或地方官员处理事务时所穿公服，其服装色彩也区别等序，即一品至三品着绯色、五品至七品着青色、八品九品着绿色。除以上官服外，因公爵或功绩突出，皇帝恩赐赐服，其服装色彩多见以红色为基调。此次复原的明代赐服麒麟袍（图4-1），在色彩上还原了明代赐服大红的色彩，在刺绣上，麒麟色彩生动、形象逼真，还原了其图案的精美华丽（图4-2），麒麟袍整体颜色明艳华贵。

中国十大传世名画之一的《汉宫春晓图》，是明代仇英所绘制的人物长卷，仇英未曾亲眼见到汉代宫殿的景象，凭借着自己的想象进行了描述，图中宫室、家具皆为明朝形制，可见仇英反映汉代的场景也深受明代文化的影响。其服饰色彩特点也是如此，借"明"绘"汉"，似"汉"实"明"，图中女子所穿服饰皆有红色入目，以色彩、纹样搭配区分等级（图4-3），这正是明代服饰色彩的特点。数名女子身着红衣错落有致地出现在画面中，使得画面明艳亮丽。在明代初期服饰中，皇后妃嫔礼服着深青色袍衫，上饰龙凤鸾蟒等纹样图案，上红下绿，青色纽襻、玉带、金饰；其常服较礼服为简，服真红大袖衫，上织绣龙凤纹，加霞帕和红褶子。明代命妇一品至五品夫人着紫色，六品七品着绯色；其常服长袄多为紫、绿色，下裳裙色初起流行浅淡，至崇祯初年为素色。

图 4-1 赐服麒麟袍
（源于北京服装学院仿制服饰拍摄）

---

❶ 袁仄. 中国服装史[M]. 北京：中国纺织出版社, 2005.

图 4-2　赐服麒麟袍刺绣图案的色彩
（源于北京服装学院仿制服饰拍摄）

图 4-3　明《汉宫春晓图》局部

　　洪武元年（1638年）二月朱元璋下诏"悉命复衣冠如唐"，规定：士民皆束发于顶，官则乌纱帽、圆领袍束带，黑靴；士庶则服四带巾、杂色盘领衣，不得用玄、黄；乐工冠青字顶巾，系红、绿帛带；士庶妻首饰许用银镀金，耳环用金珠，钏镯用银，服浅色，团衫用纻丝、绫罗、䌷绢❶。《明太祖实录》记载"洪武五年令，民间妇人礼服惟紫施，不用金绣，袍衫止紫、绿、桃红及诸浅淡颜色，不许用大红、鸦青、黄色，带用兰绢布"。为了贯彻执行此制度，朱元璋又制定了

❶ 解缙. 明太祖实录(30卷·洪武元年二月壬子条)[M]. 台北: 台湾"中研院"历史语言研究所, 1968.

《大明律》中"服舍违式"的条例，对服饰僭越的行为进行严惩❶。

可见皇室贵族服饰颜色明艳华贵，以大红色、金色、黄色、鸦青的高彩色相为主，色彩饱和度较高；王宫贵族则使用青色、绿色、红色，黑色、金色最为主要的辅助色彩，色彩饱和度较皇室相比降低；受限于染料和封建严格的政治制度，民间服饰颜色以平淡素雅为主。

三、明代中后期服饰色彩特征

明代中后期，统治阶级力量不断被削弱，人们的思想逐渐开始解放，且染色技术和染料都得到了空前发展，用于染色的植物种类也多达数十种，服装颜色更加艳丽、明快，在色彩上不断出现僭越。民间也不断出现使用高纯度的鲜艳色彩，并开始广泛使用红色。大红礼服"以为常服，甚而用锦缎，又甚而装珠翠矣……寝淫至于明末，担石之家非绣衣大红不服，婢女出使非大红里衣不华"❷；婚礼服中新娘身穿真红大袖衫、头戴凤冠霞帔、大红盖头、脚穿红绣鞋、手牵红绸布，色彩鲜艳，富丽堂皇。嘉靖年间贪官严嵩的家产名录《天水冰山录》中记载了女袄的颜色，"红织金妆花女袄裙缎八十五匹，蓝织金麒麟女袄缎二匹"等，用色有红、蓝、绿、黄、紫、青、桃红、沉香各色，其红色占比最高❸。可见明代将红色推向了历史高潮，并将中华红的色彩元素渗透到中华文化的起源和脉络里。

四、明代色彩的参考价值

红色是热烈、冲动、强有力的色彩，在可见光谱中频率最低，波长较长，衍射能力好，因而在视觉感官上，空间穿透能力强，较为醒目，颜色似鲜血，会形成视觉上的迫近感。红色在皇室贵族中的广泛使用，昭示着封建统治阶级王权至上的特征。但中后期由于受到其政治力量不断削弱的影响，人们在生活中对于颜色的使用不断僭越。同时生产力的不断发展，也提高了颜色使用的多样性与广泛性。服饰色彩作为一个社会在政治、生活、文化上的载体，反映了当时的文化内涵，明代服饰色彩为我们认识当时社会特征的呈现方式、特点、历史起到了重要的作用。

❶ 滕新才,刘秀兰.明朝中后期服饰文化特征探析[J].西南民族大学学报:哲学社会科学版,2000(8):132-138.

❷ 叶梦珠,来新复.卷八:内服[A]//清代史料笔记丛刊:阅世编[M].北京:中华书局,2007.

❸ 王凯佳,李甍.《天水冰山录》中的明代纺织服饰信息解析[J].丝绸,2017(11):88-93.

传统植物染工艺是我国历史长河发展中凝结的劳动人民智慧，亦是传统染色技艺发展的最高形式。传统染色分为矿物染和植物染两种，利用植物的根、茎、叶来染色的工艺被称为植物染。植物染一般利用中药材、花卉、蔬菜叶、茶叶等植物为原材料，将原材料剁碎熬煮成染液，制成染料。植物染工艺早在石器时代就已出现，最开始人们为了捕食需要，利用植物染料涂抹在身上进行伪装，避免被动物发现。发展到封建社会，中国作为桑蚕丝织最早的发明者，为植物染的发展奠定了基础。在工业染料出现之前，植物染为人们生活中使用最为普遍的染色工艺。植物染的原材料来自于生活，取材容易方便，染色后有一定药用效果，可以防腐、防虫，有助于面料保存，对人体无毒无害。

植物染出现在远古时期，夏朝发现蓝染，商周时期发现并可以利用的植物种类越来越多，春秋战国时期染色技术已经逐渐成熟，秦汉还专门为染色设立机构，南北朝时期扎染开始发展，唐朝开始印染技术进入高速发展阶段，纹缬、夹缬、蜡缬技术的运用更是出现了惊人之作，宋明时期色谱更加完善，染色技艺更加成熟稳定。植物染是从植物中提取染料，对织物进行染色的工艺。至少有几千种植物可以提取出色素，如茜草、苏木、红花、石榴皮、黄柏、丁香、玫瑰、茶叶、拓木、紫草、冬青、栀子、洋葱、姜黄、大黄、槐花、桑等。

第五章

明代服饰植物染

一、植物染历史

　　根据现有史料记载，我国很早就有植物染的相关运用。黄帝时期，起初人们只是把植物的花、叶揉搓成浆状物进行描绘，后期才逐渐使用温水浸渍的办法进行染色。传说在夏代，人们开始种植蓝草，一种植物染料。到了周朝，设有专职的官吏"染人""掌染草"。《周礼·天官》："染人，掌染丝帛。"《周礼·地官》描写"掌染草"："掌以春秋敛染草之物，以权量度之，以待时而颁之。"《尚书·益稷》记载："以五彩彰施于五色，作服。"在周代（西周），蓝草、茜草、栀子、紫草等是主要的植物染料。汉代，湖南长沙马王堆汉墓中出土的服饰和丝织品经过分析，有红、蓝、绿、紫、白等二十多种色彩。东汉《说文解字》也有几十种纺织品颜色名称的介绍。北魏《齐民要术》中详细介绍了种植蓝草的技术经验和制取蓝靛的方法，还总结了用红花制取植物染料的技术。隋代时，宫廷设少监府负责染织生产，下属司染署和司织署，后又合并为染织署。隋代丝织品生产已经有了很大的发展，染织品种也比较丰富。隋朝大业年间（605—617年），《中华古今注》记载："炀帝制五色夹缬花罗裙，以赐宫人及百僚母妻。"我国、日本、哈萨克斯坦都曾出土隋代夹缬文物。随着经济、文化的迅速发展，社会生产空前繁荣，唐朝出现了封建经济文化的高峰。唐朝贞观年间（627—649年）的染织署管理着下面二十五个染织作坊，据《唐六典》记载，"凡染大抵以草木而成，有以花叶，有以茎实，有以根皮，出有方土，采以时月"，足以说明植物染在传统染色中的重要性。唐代印花织物繁多，染织工艺上有很多创新，植物性染料的色谱已较齐全。五代时期，最有名的染色工艺是"天水碧"，据《五国故事》记载，"染碧，夕露于中庭，为露所染，其色特好，遂名之"。宋代染织工艺突飞猛进，管理染织生产的机构相当庞大，和唐代一样，有官营和私营两种。南宋时期，丝绸织物的对外出口，已经成为国家收入的重要来源。宋代依然盛行染缬，技术上也有所发展，灰缬印花在宋时已经专门化。明代出现了分工更细的专职染坊，如蓝坊、红坊、杂色坊。染料的生产也出现了地域性，据《天工开物》记载，明代色谱和染色方法有二十多种；植物染固色技术也有提高，掌握了红花色素提取技术和红花色素织物脱色技术，发现"靛红"；夹缬印染花纹也有进一步发展。清代印染空前繁盛，根据《蚕桑粹编》和《苏州织造局志》记载，清代染料多达数百种，染料各地有所长，染色技术形成了不同的体系，如"湖州染式""锦汀染式"等。清代印染品中，药斑布非常盛行，药斑布又称蓝印花布，《康熙常州府志》记载了其两种制作方法，出产于苏州、嘉兴、天门、常德等地，其中"苏印"最为有名。

二、植物染技法

植物染技法中最为简单的为复染。复染工艺是将着色物反复浸染多次，浸染次数越多，织物颜色越深。《尔雅·释器》记载："一染缥，再染赪，三染纁。"缥、赪、纁是深浅不一的红色。

周代创造出套染染色法，两种以上的不同颜色染料，可以进行套染，其原理和现代色彩的"三原色"一样，如蓝色加黄色出现绿色、红色加蓝色变成紫色。商周时期，植物染料的"三原色"红、黄、蓝已经获得，可利用其套染出更丰富的色彩。1972年湖南长沙马王堆汉墓和1959年新疆民丰县尼雅汉墓出土的服饰、丝织品表明，当时浸染、套染、媒染等技艺已运用得相当纯熟。

凸版印花技术发展于春秋战国时期，西汉时得到了较大发展。马王堆出土的西汉文物中，有彩绘技术和凸版印花相结合的几件印花敷彩纱（图5-1）和泥金银印花纱（图5-2），体现了当时印染涂料配制和多套色印花技术的高超。唐代印染工艺相当发达，凸版印花丝织品通过"丝绸之路"传往西域。随着植物染的发展，人们对媒染剂的认识也不断提高，媒染剂可以增加色牢度或增加色彩鲜艳度、让颜色变深，等等，《唐本草》中

图 5-1　印花敷彩纱
（来源于《马王堆汉墓服饰研究》）

就有相关的记载。

据《二仪实录》记载，我国西南少数民族地区在秦汉时期就掌握了蜡染工艺。首先，用融化的蜡在织物上绘涂花纹，然后浸入染缸（大多为蓝靛），涂蜡部位无法被染色，除蜡后布面就呈现蓝底白花或白底蓝花的图案。《贵州通志》记载："用蜡绘花于布而染之，既去蜡，则花纹如绘。"1959年在新疆民丰县尼雅东汉墓发现两片汉代蜡染蓝白印花棉布。其中一片是圆形、圆点、直线和大面积几何交叉三角格子纹（图5-3）；一片是方形格子纹，左下角还有一个半身女神像（图5-4）。从这两件染品，足以反映出汉代的蜡染工艺水平，已经能染出相当精巧的图案。

扎染，古称"扎缬""绞缬"。早在十六国时期就出现了染花绢（绞缬）。扎染主要有三种方法：夹染法、捆扎法和针缝法。扎染工艺是将织物按照预先设计的图案用线、绳结扎或用线缝后抽紧；浸入染料后，将线、绳拆去，缚结的部分无法着色或着色不充分，形成花纹。

夹缬，又称夹染，是用两木板雕刻同样的花纹，将织物夹在雕版中间，固定雕版，放入染缸。夹缬也有染多种色彩的。唐代刘存《事始》引《二仪实录》载："夹缬，秦汉始之。"北魏时期夹缬已经有了较大的生产规模。隋唐时期，夹缬发展迅速；盛唐时期夹缬在社会上极为流行。夹缬是唐代主要流行的印染技法之一，此外还有绞缬、蜡缬、拓印以及碱印等。北宋时期，

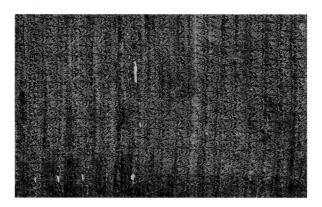

图5-2　泥金银印花纱
（来源于《马王堆汉墓服饰研究》）

图5-3　蓝白蜡染花布
（来源于《中国染织史》）

图5-4　"人物几何纹"蓝白蜡染花布
（来源于中华数字书苑）

军服采用夹缬印染。宋代夹缬印花的花纹更加精细，技术更加高超。

提及明代服饰染色，那就一定要好好说说红色，在《明会典》中记载了明朝统治阶级定红色为朝服与常服的颜色，如"皇帝通天官服，洪武元年定，郊庙、省牲、皇太子诸王冠婚，醮戒，则服通天冠，绛纱炮"。《天工开物·彰施》卷记载诸色系染料排在第一位的就是红花，关于红花染红的记录也是比其他染料要为详尽。

红花草，是一种菊科植物，被称为红花，用于中药具有祛瘀止痛、活血通经的功效，主要含有红花素和黄花素两种色素成分。古人将这种使用红花染色的方法称为"杀花法"，在宋元时期就已推广。先将新鲜红花采摘回家，捣碎成浆，加入清水浸泡，由于黄花素溶于水而红花素不溶于水，浸泡后黄花素与红花素分离，残留物中大部分为红花素。为了提取纯度更高的红花素，还需进一步地用酸水冲洗，冲洗后的残渣可制成红花饼，以备长期使用。因为红花素溶于碱水，在使用红花饼时，可以将其泡入碱水或稻草灰水中再进行染色。

黄色染料也是多种多样，其中石榴皮是典型代表。石榴属于小乔灌木和落叶灌木。我国南北方地区均有种植。石榴皮一般为新鲜石榴皮晒干制成，占整个石榴重量的20%~30%。石榴皮是常见的中药之一，性酸，味涩，具有止泻、止血、驱虫等功效。石榴皮也是古代百姓常用的染料之一。本次复原的褡护为了高度还原颜色，采用了石榴皮染色的传统工艺技术。本次总待染面料重1723.5克，使用染料2000克，明矾52克，水13~15L，共用时80分钟。过程如下：

①首先将面料预洗净，去除面料表层灰尘与残留的工业物质，洗净后拧干待用（图5-5）；

②将石榴皮洗净，放入锅中，加入13~15L的水，随后加热熬煮20分钟，萃取染剂（图5-6）；

③过滤染剂，将石榴皮滤出。再将面料缓慢且均匀地侵入水中上色，并揉搓20分钟以帮助上色（图5-7）；

④将明矾放入水中煮至融化，再将已上色的面料放入明矾水中揉搓20分钟，达到固色的目的（图5-8）；

⑤将已固色的面料再次放入染剂中复染，继续揉搓20分钟，进一步加深颜色（图5-9）；

⑥染至期望的颜色时，将面料取出漂洗干净，去掉表面浮色，随后晾干待用（图5-10）。

图5-5　面料准备

图5-6　染料准备

图5-7　上色

图5-8　固色

图5-9　复染

图5-10　晾晒

本次使用石榴皮染色面料复原明代褡护（图5-11）一件，与此同时还使用了工业合成染料为另一件褡护面料染色，进行对比实验。最终两种染料得到的颜色极为相近，可在光泽感上，石榴皮染色要更加优于工业合成染料；从环保角度上来看，废水和残渣对环境的破坏度也更小。

图 5-11 褡护

三、现代植物染发展

随着时尚潮流的快速发展，以及大众对传统技艺的重视，不仅植物染的产品不断推陈出新，而且植物染技术本身在很多方面也实现了创新。植物染工艺具有丰富的染色技法和图案表达方式，被大量现代设计师应用到了自己的设计作品中。而这项技艺的兴起，对传统艺术市场也带来了冲击，需要传统植物染的不断创新与发展，即使用融合和包容兼并的手段使之被接纳并进入消费市场，逐渐适应现代市场的需求，并及时调整，将植物染工艺逐渐渗透到人们的日常生活中，发挥体现其传统文化的价值。

近几年来我国经济高速发展，早期生产朝着高速高效的目标，工业合成染料应运而生。我国现已成为工业合成染料最大的生产国，但由于其对环境的污染极大，所以我国也在逐渐转型为环境友好型的染料大国，为可持续发展做贡献。在经济高速发展的同时，人们的生活压力逐渐增大，消费者开始崇尚简约、自然、生态环保的设计，这些无疑都为植物染的发展提供了契机。植物染过程无污染、无毒，面料为纯天然，比化学染料和材料更加舒适健康、更为贴近大自然，也更为亲近传统文化。植物染面料适合于任何款式，可让穿戴者彰显个性，是传统文化与时尚潮流的相互融合。植物染技术应用到现代服装产业中是传统技术与现代时尚的结合，也是趋势，必将使得中国传统文化与植物染得到长远的进步和发展。

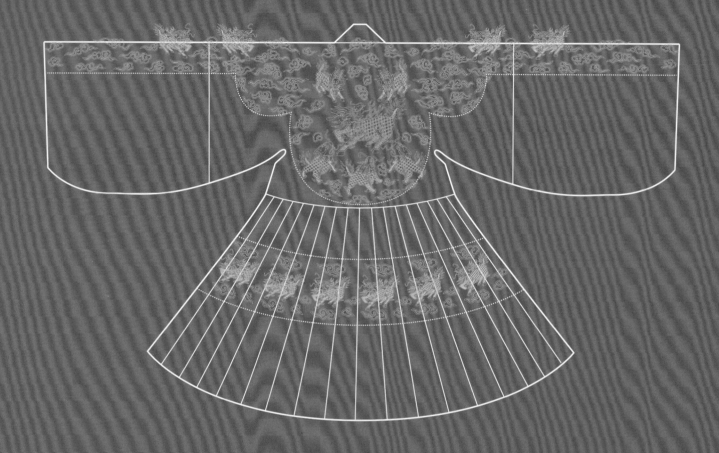

　　明代建立之初，统治者采取了一系列巩固政权的措施，其中包括确立服饰制度、恢复汉族传统服装，并且改革创新。明代袍服受唐、宋袍服的影响，又在唐、宋的基础之上有创新之处。本次仿制的明代袍服是根据对出土文物的测量和书籍文献的调查分析得到的。款式为交领、右衽、宽身，系带、两侧开衩、下摆为圆摆的袍服。此袍服也是一种赐服，是统治者对受赐者的一种额外加恩，更是统治者为巩固王朝的一种统治手段，其中蕴含着君王与臣民彼此命运相连的特殊含义。明代各种形式的赐服，都是这个朝代鲜明特色的等级服饰系统的组成之一。

第六章

明代服装仿制脉络

一、明代麒麟袍仿制图集

明代建立之初，统治者采取了一系列巩固政权的措施，其中包括确立服饰制度，恢复汉族传统服装并且改革创新。明代袍服受唐、宋袍服的影响，又在唐、宋的基础之上有创新之处。本次仿制的明代袍服是根据对出土文物的测量和书籍文献的调查分析得到的。款式为交领、右衽、宽身、系带、两侧开衩、下摆为圆摆的袍服。此袍服也是一种赐服，是统治者对受赐者的一种额外加恩，是统治者为巩固王朝的一种统治手段，其中蕴含着君王与臣民之间命运的特殊含义。明代各种形式的赐服，是这个朝代鲜明特色的等级服饰系统之一。本次仿制的麒麟袍服，在赐服中也是明代非常具有代表性的缀有典型瑞兽纹样的袍服，仅有少数文武官员和宦官能受此赏。除了图案，明代服装在颜色的使用上也有着严格的等级制度，按颜色分可以将袍服归纳为红袍、青袍、蓝罗袍等，此次仿制袍服选用了明代最具统治者特色的红色。

1. 麒麟袍的结构与图案

在对麒麟袍仿制之前，首先要进行数据的准确测量和结构分析，其次就是对袍服图案进行临摹绘制，再根据袍服结构与部位把图案对应放置相应的位置（图6-1~图6-4）。

图 6-1　麒麟袍正面款式图与图案展示

图 6-2　麒麟袍背面款式图与图案展示

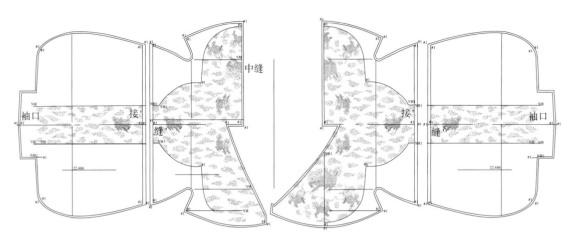

图 6-3 麒麟袍上身图案位置

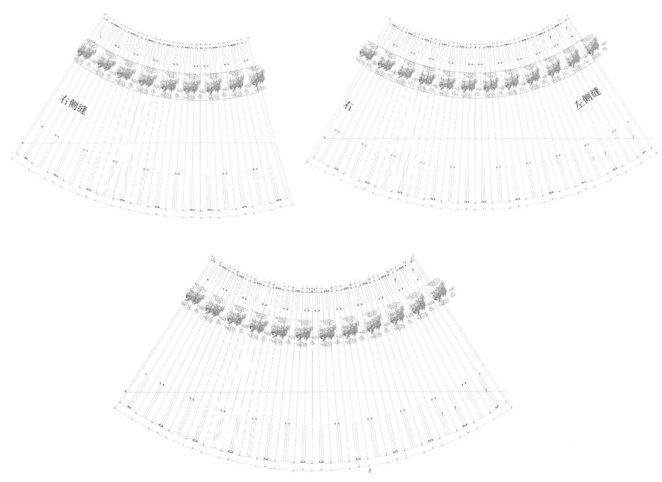

图 6-4 麒麟袍膝襕图案位置

2．麒麟袍的图案配色及定位

　　第一步是在麒麟袍板上绘制线描图，首先，确定麒麟、小麒麟在服装中的比例和位置，画出麒麟线描图稿（图6-5~图6-9）；然后按比例画出祥云（图6-10）。第二步是当袍服图案线描绘制完成后，在袍服红色绣地上进行图案的配色工作，在线描稿中填色，并同时仔细标出图案配色的色号和色线。第三步是在图稿旁粘贴绣线，标明绣法，确保刺绣前准备工作的准确无误（图6-11）。

图 6-5　麒麟图案线描图 1

图 6-6　麒麟图案线描图 2

图 6-7　麒麟图案线描图 3

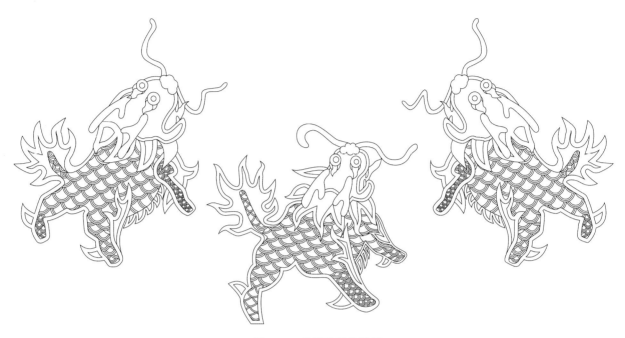

图 6-8　麒麟图案线描图 4

图 6-9　麒麟图案线描图 5

图 6-10　云纹线描图

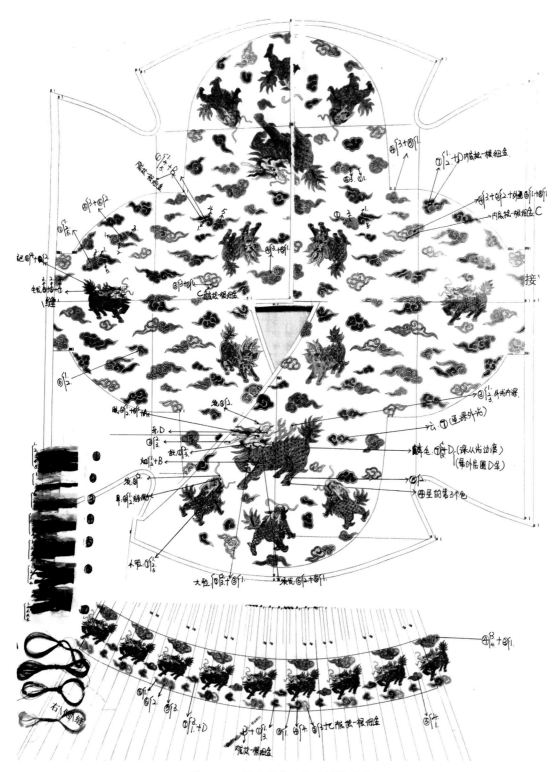

图 6-11 袍服图案配色及刺绣说明

3．麒麟袍仿制坯布样衣

在仿制麒麟袍的样衣正式制作之前，要对其板型、结构与工艺进行深入剖析（图6-12~图6-15），用白色坯布反复试制，对每个细节都严格把控，如领、袖、门襟、底摆、褶等都做了多次校对、调整，白坯样衣制作了多次，才最后确定板型和制作工艺流程。

图6-12　麒麟袍坯布样衣正面

图6-13　麒麟袍坯布样衣背面

图6-14　麒麟袍坯布样衣正面展开1

图6-15　麒麟袍坯布样衣正面展开2

4. 麒麟袍仿制正式样衣

当前期工作完成后，才能进入麒麟袍正式样衣的制作阶段，随后还需要几个月全手工刺绣师傅的努力以完成图案的刺绣部分。在工艺师傅的制作过程中，我们也学到了很多传统工艺的制作方法，最终完成了整件麒麟袍的仿制（图6-16~图6-22）。

图6-16 麒麟袍仿制正式样衣正面

图6-17 麒麟袍仿制正式样衣领局部

图 6-18 麒麟袍仿制正式样衣半身局部　　　　　　　图 6-19 麒麟袍仿制正式样衣正面褶裥局部

图 6-20 麒麟袍仿制正式样衣正面展开

图 6-21　麒麟袍仿制正式样衣背面

图 6-22　麒麟袍仿制正式样衣背面半身

二、明代袄仿制图集

袄是女性服饰中最为典型的款式之一，也是明代女性最常用的服装之一。明代袄的多样性，形成了明代鲜明的服饰特色。本次仿制的袄为齐腰短袄，结构为直领对襟，衣身与袖子通过垂直于肩线的褶裥与省的变化，形成了非常巧妙的服装结构关系，袖为琵琶袖。

1. 袄的结构

此件明代袄服是一件在结构上颇具研究价值的传统服装，最具特色之处是在此件袄服衣身的肋缝线位置上有一道褶，从肩至低摆，通过分析此褶的功能有收腰、放摆、垂袖、压肩的功效（图6-23）。特别值得现代服装结构设计去借鉴与启发延伸。

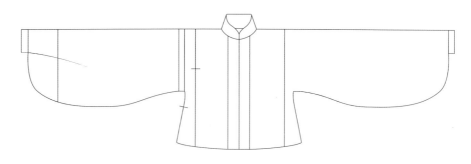

图6-23 袄款式图

2. 袄仿制坯布样衣

当对明代袄服结构研究之后，必须要完成的就是白坯样衣的试制，从样衣的制作过程中体会传统板型的奥秘和传统工艺的技巧（图6-24、图6-25）。

图6-24 袄坯布样衣正面

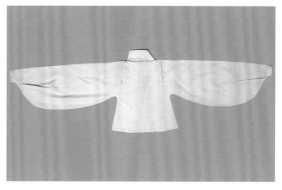

图6-25 袄坯布样衣背面

3．袄仿制正式样衣

袄服正式样衣采用纯白素色真丝面料，此件袄服主要是对服装结构的研究，因此在仿制过程中对色彩和图案进行了忽略，进而达到突出服装结构的目的（图6-26~图6-29）。

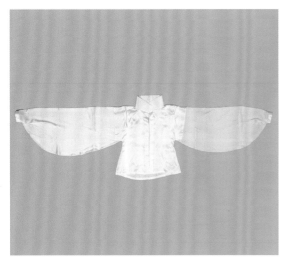

图 6-26　袄仿制正式样衣正面

图 6-27　袄仿制正式样衣背面

图 6-28　袄仿制正式样衣正面局部

图 6-29　袄仿制正式样衣正面展开

三、明代马面裙仿制图集

马面裙是古代裙装的典型之一，始于明代。在明代，马面裙备受女性喜爱，其款式简洁大方，裙摆宽大，侧面打褶裥，马面裙的前马面由中间的裙门组合而成。

1.马面裙结构

马面裙，又称"马面褶裙"，此裙结构为前后有四个裙门，两两重合，侧面打褶，中间裙门重合而成光面，腰部用带子系扎固定（图6-30）。

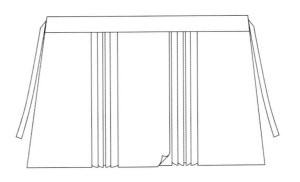

图 6-30　马面裙款式图

2.马面裙仿制坯布样衣

根据明代传统马面裙的实际测量尺寸，同时参考了中国丝绸博物馆展出的马面裙的结构，用白坯布进行研制，最后实现对马面裙结构和工艺的仿制（图6-31）。

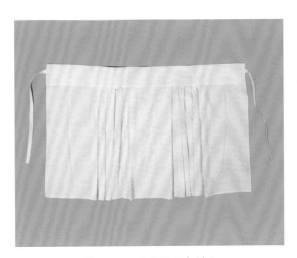

图 6-31　马面裙坯布样衣

3．马面裙仿制正式样衣

马面裙的正式样衣，在白坯布样衣的基础上制成，用料为素色真丝面料，采用传统手工制作完成，主要是展现马面裙的传统结构（图6-32、图6-33）。

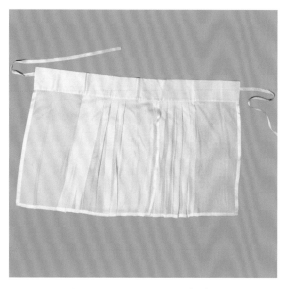 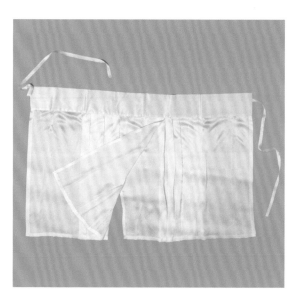

图 6-32　马面裙仿制正式样衣　　　　　图 6-33　马面裙仿制正式样衣展开

四、明代褡护仿制图集

本次仿制的褡护为专家收藏实物测量、分析后仿制而成。结构为交领右衽，无袖，左右开衩，右侧腋下有两对系带。在颜色上也遵循原色，采用植物染最大程度上对色彩部分进行还原。

1．褡护结构

多次走访收藏家、专家，在他们的帮助下得以对明代搭护实物进行测量，得到第一手珍贵资料，绘制成平面结构图（图6-34）。

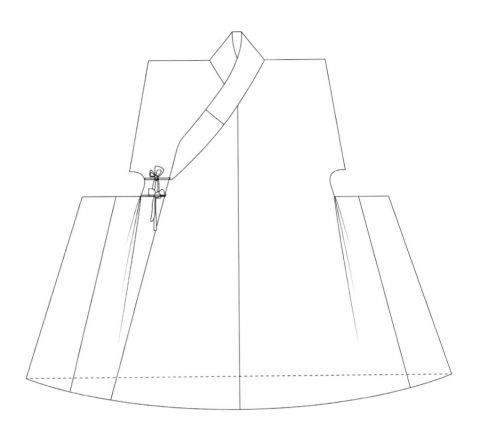

图6-34　褡护款式图

2. 褡护仿制坯布样衣

　　在仿制正式样衣之前，制作坯布样衣是非常必要的研究环节，在坯布样衣的制作过程中能够了解很多细节问题，可以不断研制、调整和解决问题（图6-35、图6-36）。

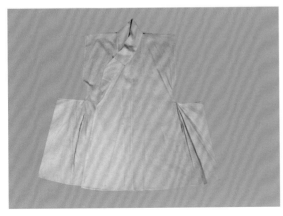

图6-35　褡护仿制坯布样衣正面图

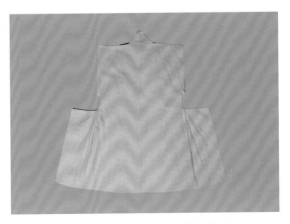

图6-36　褡护仿制坯布样衣背面

3. 褡护仿制正式样衣

搭护的正式样衣主要以展示它的面料色彩效果为主。在对此件衣服结构研究的基础上，对它的面料色彩还原是研究课题、也是重点。此次面料染色，采用传统植物染的方法，利用石榴皮作为染料，通过多次反复实验，达到了非常接近原本实物的颜色和光感效果（图6-37~图6-43）。

图 6-37 褡护仿制正式样衣正面

图 6-38 褡护仿制正式样衣背面

图 6-39 褡护仿制正式样衣正面开衩部位展开

图 6-40 褡护仿制正式样衣正面展开

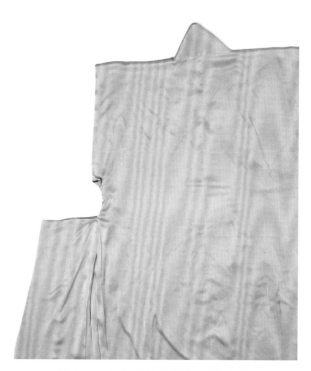

图 6-41　褡护仿制正式样衣开衩褶裥

图 6-42　褡护仿制正式样衣正面开衩斜打开图

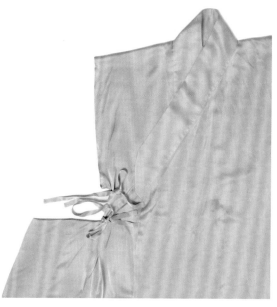

图 6-43　褡护仿制正式样衣局部

参考文献

［1］中央美术学院美术系. 中国锦缎图案［M］. 北京：人民美术出版社，1953.

［2］吴山. 中国纹样全集［M］. 济南：山东美术出版社，2009.

［3］沈寿. 雪宧绣谱［M］. 重庆：重庆出版社，2017.

［4］粘碧华. 传统刺绣针法集萃［M］. 郑州：河南科学技术出版社，2017.

［5］曹莉. 中国民间刺绣艺术［J］. 浙江工艺美术，2003(4)：51-52.

［6］邵晓琤. 中国刺绣经典针法图解：跟着大师学刺绣［M］. 上海：上海科学技术出版社，2018.

［7］张乾元.《画缋》考辨［J］. 美术观察，2003(10)：97.

［8］余雯蔚，周武忠. 五色观与中国传统用色现象［J］. 艺术百家，2007(5)：138-140.

［9］冯泽民，刘海清. 中西服装发展史［M］. 3版. 北京：中国纺织出版社，2005.

［10］袁仄. 中国服装史［M］. 北京：中国纺织出版社，2005.

［11］解缙. 明太祖实录（30卷·洪武元年二月壬子条）［M］. 台北：台湾"中研院"历史语言研究所，1968.

［12］滕新才，刘秀兰. 明朝中后期服饰文化特征探析［J］. 西南民族大学学报：哲学社会科学版，2000(8)：132-138.

［13］叶梦珠，来新复. 卷八：内服［A］//清代史料笔记丛刊：阅世编［M］. 北京：中华书局，2007.

［14］王凯佳，李薏.《天水冰山录》中的明代纺织服饰信息解析［J］. 丝绸，2017(11)：88-93.

［15］周礼［M］. 刘波，王川，邓启铜，注释. 南京：南京大学出版社，2014.

［16］尚书［M］. 邓启铜，注. 南京：东南大学出版社，2016.

［17］许慎. 说文解字［M］. 北京：九州出版社，2006.

［18］尔雅［M］. 管锡华，译注. 北京：中华书局，2014.

［19］贾思勰. 齐民要术［M］. 石声汉，石定枎，谭光万，译. 北京：中华书局，2015.

［20］马缟. 中华古今注［M］. 李成甲，校点. 沈阳：辽宁教育出版社，1998.

［21］李林甫，等. 唐六典［M］. 陈仲夫，点校. 北京：中华书局，2014.

［22］傅璇琮，徐海荣，徐吉军. 五代史书汇编［M］. 杭州：杭州出版社，2004.

［23］卫杰. 蚕桑粹编［M］. 北京：中华书局，1956.

［24］孙佩. 苏州织造局志［M］. 南京：江苏人民出版社，1959.

［25］于琨，陈玉璂. 康熙常州府志［M］. 南京：江苏古籍出版社，1991.

［26］苏敬，等. 新修本草［M］. 尚志钧，辑校. 合肥：安徽科学技术出版社，2005.

［27］吴淑生，田自秉. 中国染织史［M］. 台北：南天书局有限公司出版，1987.

［28］朱莉娜. 草木纯贞：植物染料染色设计工艺［M］. 北京：中国社会科学出版社，2018.

［29］周启澄，王璐，张斌. 中国传统植物染料现代研发与生态纺织技术［M］. 上海：东华大学出版社，2015.

［30］谷雨，郭大泽. 恋恋植物染［M］. 南宁：广西美术出版社，2015.

［31］陈建明，王树金. 马王堆汉墓服饰研究［M］. 北京：中华书局，2018.

［32］赵丰.《天工开物》彰施篇中的染料与染色［J］. 农业考古，1987（1）：362–366.

［33］徐溥，等. 大明会典［M］. 北京：国家图书馆出版社，2000.

［34］李雪艳. 尊卑贵贱，望而知之——明代草木染色与等级制约［J］. 南京艺术学院（美术与设计版），2012，（3）：62–66,186.

［35］李雪艳. 论明代草木染红——以《天工开物·彰施》卷草木染色为例［J］. 山东工艺美术学院学报，2013，（6）：84–87.

附录　明代服装仿制调研

　　本次研究通过田野调查、书籍文献调查分析、走访专家、博物馆考察、出土文物实物测量等研究方法得到了珍贵的研究史料（附图1~附图6）。通过对现有资料的梳理，确定了仿制服装款式、刺绣图案及配色（附图7、附图8），同时通过研究植物染技术，确定了染料剂量，从而还原服饰色彩。

附图1　山东曲阜孔子博物馆考察

附图2　山东曲阜孔子博物馆考察

附图3　走访专家并对明代袍服进行实物测量

附图4　研究团队故宫考察

附图 5　研究团队故宫考察

附图 6　研究团队中国丝绸博物馆考察

附图 7　研究团队对仿制的明代袍服款式及图案进行分析与研究

附图 8　研究团队对仿制的明代搭护结构进行分析与研究

后记

　　基于北京市高精尖项目的平台，通过对服装学科和产业提升转型需求的深入考察，以及中国传统文化伟大复兴的文化语境的深入理解，教研组提出了"传承文化，创意未来"的教育理念。明代服装作为中国传统服饰文化的重要组成部分，它承载着特定时期的文化内涵和装饰审美。对明代服装的研究，主要是为进一步学习提供明代传统服饰的文化内涵，使我们在创新教育实践中培养"设计＋文化＋技艺"的新型高层次服装设计人才。以"立足当代之生活，融合当代之审美，做有民族情怀的设计，做有文化滋养的创新"为导向，以"技艺传承、文化积淀、设计创新"为内容，在创新教育实践中探索出一条培养服饰传承与设计创新人才之路。

　　服饰传承与创新的设计教育，使学习者立足当代生活、时尚和审美，学习和体验传统技艺与优质文化，掌握设计规律和创新方法，产生对传统技艺和文化的兴趣与热爱，借此提升民族文化自尊心和自信心，激发学习者的创新设计灵感，培育传承和创新的能力。

　　本书由北京服装学院服装艺术与工程学院教师编写，主要编写人员为王群山、丁雅琼、王传春、李斐尔、乔琳琳、赵晓曦、吉瑞琦等。在研究过程中得到了收藏家李雨来老师、故宫博物院研究员严勇老师和本校张春来老师、崔岩老师的大力支持，特别要说明的是在项目进行中有以下研究生参加了本项目的许多具体工作，参加的人员有吉瑞琦、唐顺瑶、向柏霖、徐祯昕、李红颉、张楠、许婧雯、骆丹凤、黄傲雪、黄祎等同学，同时特别感谢徐桂枝老师、王永进老师、郭瑞良老师和王艺璇老师的帮助，在此表示衷心的谢意。

　　由于研究过程和编书时间有限，故书中难免有不妥之处，恳请同仁和读者批评指正。